JN162073

水の不思議

科学の眼で見る日常の疑問

稲場秀明 著

技報堂出版

まえがき

太陽系には地球のように液体の水が存在する星はほかにありません．地球に液体の水が存在する条件として，太陽までの距離，自転周期，惑星としての大きさ，自転軸の傾きが適切であったことなどが指摘されています．それらの条件が違っていたら，地球に液体の水が存在せず，生物が存在できなかったに違いありません．星としての地球が大量の液体の水を持つ条件は実に微妙で，それが実現しているのはとても不思議なことだと言わざるを得ません．

私たちにとって水はいつも身近にある物質ですが，とても特異で不思議な物質でもあります．例えば，0 ℃から 100 ℃の間で固体，液体，気体が共存するという物質は水以外にはありせん．氷が水に浮かぶ，4 ℃で水の密度が最大になる，水滴が球形になる，温まりにくく冷めにくい，多くの物質を溶かすという水の性質は，当たり前のようで，とても不思議な性質なのです．

生命は深海で誕生したと考えられています．その誕生の詳細はいまだに多くの謎に包まれています．生物には通常 70 % 以上の水が含まれていて，水なしではあらゆる生物は生きてゆけません．水は細胞内部に，細胞外に，また血液として生物のあらゆる組織に含まれています．それらの水には無機塩類，タンパク質，核酸，多糖類が溶けています．生命活動は主として水の中において複雑な化学反応で行われていますが，私たちはその内容を知らなくても生きてゆけるのは不思議なことです．

私たち人間にとって水は生きてゆくために必須の物質です．飲料水はもとより，煮炊き，お風呂，洗濯，農業用，工業用などに水は欠かせません．水道栓をひねれば水は出てきますが，そこにくるまでに水は長い旅をしています．太陽の光が海面を照らすと水が蒸発し，上空で雲になり，やがて雨や雪となり地上に降ってきます．この自然の蒸留作用のおかげで私たちは水を利用できるのです．雲，霧，水蒸気などの大気中の水は地球上の水全体の 0.001％ に過ぎないのですが，それが平均 10 日間で循環しているおかげで，地球上の動植物すべての生命を支えているのは不思議なことです．

本書では，第 1 章で，水がとても特異で不思議な物質であることを示し，その原因について述べます．それ以降の各章では，それが私たちの日常の現象にどのように現れているかについて順次述べてゆきます．第 2，3 章では，さまざまな形で現れる「結露」の現象とそれが起こる条件，また，固体，液体，気体となる水の状態変化を具体的な例をとおして述べます．第 4，5 章では，水が蒸発して雲となり，雨や雪として降ってくるまでの過程について述べます．第 6 章では，氷の持つさまざまな側面にについて述べます．第 7，8 章では，密度が水より大きい物体でも水の表面に浮く物質の例や水と油が含まれる場合の混合や水の濡れの現象について述べます．第 9，10 章では，水がいろいろな物質を溶かす能力があり，溶けない紙や繊維でも水を含むことを私たちが利用している例を述べます．第 11 章では，地球上の水について，陸水と海水のバランス，海水の塩分濃度や流れ，オアシス，氷河の盛衰について述べます．第 12 章では，飲料水について，その必要量，水道水の作り方，欧米との違い，おいしい水の条件などについて述べます．第 13，14 章では，動植物が水をどのように体内に取り込んで生命の営みを続けているかを述べます．ラクダの水分調節術，サケの塩分濃度調節術，人間の汗かきによる体温調節術，植物の光合成における水の役割，蒸散による体温調節と吸水，サボテンの水節約術などについて述べます．

筆者は 1997 年に転職して千葉大学教育学部に勤務することになりました．小中高の教員を養成する学部に勤務しているのに，一度も小中高の児童生徒に授業をした経験がなかったので，千葉大学教育学部附属小学校の校長先生に頼んで理科の授業をさせてもらいました．小学校 5 年生のクラスで「雲は何でできているか？」というテーマで授業をすることになりました．子どもたちに，「雲は何でできていると思う？」と問うと「水蒸気」という答が多く出ました．「水蒸気は見える？」と聞き返すと，「見えないから水滴だ」という答えが出ました．また，雲は高い場合は 1 万 m まであるけどそこでも水滴？と問うと「氷の粒」という答が出ました．では，「水滴や氷の粒と空気はどっちが重い？」と聞くと「水滴や氷の粒」と答えました．「それでは水滴や氷の粒はなぜ落ちてこないの？」と尋ね，その答を見つける作業をする授業でした．そのとき子どもたちの表情はとても生き生きとしていました．

若者の読書離れ，理科離れが言われる今日，日常の何気ない現象に目を留め，「なぜ？」という疑問を持つこと，そして子どもが発信してくる疑問に大人が答えることができることが求められます．その答え方しだいで子どもたちは自然現象や身近で経験する現象に対する関心を深め，好奇心を広げ，世界の広がりと奥深さを感ずることができるようになると思われます．

「科学の眼で見る日常の疑問」という視点は，筆者が千葉大学教育学部に勤務しはじめた当初から教員を目指す学生に求めた視点でした．当時の稲場研究室に属した学生諸君の一部には卒論でも自ら疑問を見出し，それについて調べて発表してもらいました．本書を出版することができたのは，当時の研究室での議論や実験室での実験を通した問題意識が基礎になっています．当時の共同研究者であった千葉大学教育学部准教授の林英子さんおよび当時の学生諸君に感謝したいと思います．

本書の出版を認めてくださった技報堂出版（株）編集部長の石井洋平氏および直接編集に携わってくださり有益な助言をいただいた同社編集部の伊藤大樹氏に深く感謝したいと思います．

本書は，筆者の孫である三浦隆明（たかあき）君および稲場咲樹美（さきみ）ちゃんに捧げたいと思います．隆明君は中学２年生，咲樹美ちゃんは４才ですが，二人を日本の将来を担い，21 世紀後半を生きるであろう少年少女の代表とさせていただきたいと思います．隆明君は昨年『空気のはなし』と『エネルギーのはなし』の本を出したときに，難しい用語は事典で調べるなどして２冊とも通読してくれました．本書は中学生にも十分読めるやさしい部分も結構ありますが，中学生にはかなり難しい内容もあります．隆明君がどこまで読めるか楽しみです．

2017 年 7 月

稲場 秀明

《著者紹介》

稲場 秀明（いなば・ひであき）

1942 年　富山県生まれ
1965 年　横浜国立大学工学部応用化学科卒業
1967 年　東京大学工学系大学院工業化学専門課程修士修了
同　年　ブリヂストンタイヤ（株）入社
1970 年〜　名古屋大学工学部原子核工学科助手，助教授を経る
1986 年　川崎製鉄（株）ハイテク研究所および技術研究所主任研究員
1997 年　千葉大学教育学部教授
2007 年　千葉大学教育学部定年退職

工学博士

主な著書
エネルギーのはなし—科学の眼で見る日常の疑問，技報堂出版，2016
空気のはなし—科学の眼で見る日常の疑問，技報堂出版，2016
氷はなぜ水に浮かぶのか—科学の眼で見る日常の疑問，丸善，1998
携帯電話でなぜ話せるのか—科学の眼で見る日常の疑問，丸善，1999
大学は出会いの場—インターネットによる教授のメッセージと学生の反響，
　大学教育出版，2003
反原発か，増原発か，脱原発か—日本のエネルギー問題の解決に向けて，
　大学教育出版，2013

趣味はテニスと囲碁
千葉市花見川区在住

目　次

第1章　水の特徴と特異性　1

1 話　水の融点や沸点はなぜ特別に高いか？ ------------ 2
2 話　水の表面張力はなぜ特に大きいか？ ------------ 4
3 話　氷はなぜ水に浮くか？ ------------ 6
4 話　水の密度がなぜ4℃で一番高いか？ ------------ 8
5 話　水はなぜ暖まりにくく冷めにくいか？ ------------ 10
6 話　水の特異性の原因は何か？ ------------ 12
コラム　水の特異性に関するデータ ------------ 14

第2章　冷えたコップにつく水滴　15

7 話　冷えた飲物の入ったコップの外側に水滴がつくのはなぜか？ ------------ 16
8 話　寒い朝は窓ガラスが結露し，外で吐く息が白く見えるのはなぜか？ ------------ 18
9 話　露はどうしてできるか？ ------------ 20
10 話　お風呂場に眼鏡をかけて入るとなぜ曇るか？ ------------ 22
11 話　お湯を沸かすと湯気が白く見えるのはなぜか？ ------------ 24
コラム　ビーカーに水を入れアルコールランプで加熱すると
ビーカーの表面が曇る ------------ 26

第3章　水の姿の変化　27

12 話　水は冷えるとどうして氷になるか？ ------------ 28
13 話　水は冷凍庫では凍るのに，冷蔵庫ではなぜ冷えるだけか？ ------------ 30
14 話　冷凍庫に氷を長期間放っておくとなぜ消えてなくなるか？ ------------ 32
15 話　霜や霜柱はどうしてできるか？ ------------ 34
16 話　お湯を沸かすとなぜ水がなくなるか？ ------------ 36
17 話　熱い油に水滴を落とすとなぜはねるか？ ------------ 38
コラム　水の状態変化 ------------ 40

第4章　空に浮かぶ水滴　41

18 話　雲は何からできているか？ ------------ 42
19 話　雲はどうしてできるか？ ------------ 44
20 話　雨はどうして降ってくるか？ ------------ 46

21 話　暖かい雨と冷たい雨は何が違うか？ ------------ 48
22 話　霧はどうしてできるか？ ------------ 50
23 話　人工の雨はどうして降らせるか？ ------------ 52
コラム　エアロゾルと水滴のサイズ ------------ 54

第5章　雪の姿の変化　55

24 話　雪はどうして降ってくるか？ ------------ 56
25 話　新雪はふわっとしているのに，
たまった雪は固くて重いのはなぜか？ ------------ 58
26 話　雪崩はどうして起こるか？ ------------ 60
27 話　雪道の運転はなぜ危険か？ ------------ 62
28 話　人工の雪はどのように作るか？ ------------ 64
コラム　雪の結晶 ------------ 66

第6章　氷の姿の変化　67

29 話　氷の周囲に紐を吊し重りをぶらさげると，
紐が氷を通り抜ける手品とは？ ------------ 68
30 話　氷の上をスケートで滑らかに滑れるのはなぜか？ ------------ 70
31 話　スピードが出やすいスケート場の氷の条件は？ ------------ 72
32 話　冷凍庫で作った氷はどうして白く見えるところがあるか？ ------------ 74
33 話　冷凍庫から出したばかりの氷に触るとなぜくっつくか？ ------------ 76
34 話　ひょうはどうして降ってくるか？ ------------ 78
35 話　湖や川はどんなふうに凍るか？ ------------ 80
36 話　冬の凍結湖で起こる御神渡りとはどういう現象か？ ------------ 82
コラム　氷の多形 ------------ 84

第7章　水に浮くもの沈むもの　85

37 話　鉄のかたまりは水に沈むのに鉄の船はなぜ浮くか？ ------------ 86
38 話　氷はアルコールに浮くか？ ------------ 88
39 話　一円玉は水に浮くか？ ------------ 90
40 話　水に浮いた一円玉に洗剤を注ぐとどうなるか？ ------------ 92
41 話　アメンボはなぜ水の上に浮けるか？ ------------ 94
コラム　宇宙船内で浮く牛乳のかたまり ------------ 96

第8章 表面張力 97

42 話 水滴はなぜ球形か？ ------------ *98*
43 話 水に濡れるものと濡れないものは何が違うか？ ------------ *100*
44 話 水と油はなぜ混ざらないか？ ------------ *102*
45 話 マーガリンやマヨネーズは水分と油の成分が含まれているのに
なぜ一様に見えるか？ ------------ *104*
46 話 すぐ消える泡と消えない泡は何が違うか？ ------------ *106*
コラム オフセット印刷における水の濡れの応用 ------------ *108*

第9章 水に溶ける 109

47 話 塩を水の中に入れるとなぜ見えなくなるか？ ------------ *110*
48 話 水はなぜいろいろな物質を溶かすか？ ------------ *112*
49 話 氷に塩をかけるとなぜ温度が下がるか？ ------------ *114*
50 話 アイスコーヒーに入れた砂糖はなぜ溶けにくいか？ ------------ *116*
51 話 水があると鉄はなぜさびやすいか？ ------------ *118*
コラム 溶解度 ------------ *120*

第10章 暮らしと水 121

52 話 ぞうきんで拭くとなぜ汚れが落ちるか？ ------------ *122*
53 話 洗剤で洗濯するとなぜ汚れが落ちるか？ ------------ *124*
54 話 洗濯ものの脱水性能が繊維の種類によって違うのはなぜか？ ------------ *126*
55 話 アイロンをかけるときなぜ水をスプレーするか？ ------------ *128*
56 話 目玉焼きを作るとき，フライパンに水を少したらすのはなぜか？ ------------ *130*
57 話 紙おむつはなぜ大量の水を吸収するか？ ------------ *132*
58 話 トイレットペーパーはなぜ水に流せるか？ ------------ *134*
コラム 料理と水 ------------ *136*

第11章 地球上の水の姿 137

59 話 地球上の水のバランスは？ ------------ *138*
60 話 海流はなぜ生じるか？ ------------ *140*
61 話 海水はなぜ塩辛いか？ ------------ *142*
62 話 海はどのように凍るか？ ------------ *144*
63 話 氷河はどのようにできるか？ ------------ *146*
コラム 砂漠のオアシス ------------ *148*

第12章 飲む水 149

64 話 人間にはなぜ水が必要か？ ------------ *150*
65 話 どんな水をおいしく感ずるか？ ------------ *152*
66 話 海水はなぜ飲み水にならないか？ ------------ *154*
67 話 海上で漂流し，飲み水がなくなったらどうするか？ ------------ *156*
コラム ビールと飲水 ------------ *158*

第13章 動物と水 159

68 話 ラクダはどのように水分調節しているか？ ------------ *160*
69 話 ホッキョクグマはなぜ凍死しないか？ ------------ *162*
70 話 淡水魚と海水魚は水分と塩分をどのように調節しているか？ ------------ *164*
71 話 動物はなぜ身体のすみずみまで
血液を行き渡らせることができるか？ ------------ *166*
72 話 人間はなぜ汗をかくか？ ------------ *168*
コラム 汗と動物 ------------ *170*

第14章 植物と水 171

73 話 植物にはなぜ水が必要か？ ------------ *172*
74 話 サボテンはなぜ水が少ない環境で生きてゆけるか？ ------------ *174*
75 話 光合成における水の役割は何か？ ------------ *176*
76 話 100 m もある高い木はどうして水を吸い上げることができるか？ ------------ *178*
コラム オジギソウのおじぎ ------------ *180*

第 1 章
水の特徴と特異性

水はほかの酸素族の水素化物に比べて沸点と融点が異常に高い．水は地球上で唯一固体，液体，気体の状態をとりうる特殊な化合物である．この章では，水の特異な性質とその原因について述べる．

1 話　水の融点や沸点はなぜ特別に高いか？

私たちにとって水はいつも身近にある物質だが，とても特異で不思議な物質でもある．0 ℃から 100 ℃の間で固体，液体，気体が共存するという物質は水以外には思い浮かばない．1 500 万個あると言われる化合物の中で，水だけが地球上で気体，液体，固体として共存する化合物である．

分子や化合物は，低温では固体で，温度上昇に伴って，分解しない限り，液体となり気体となる．温度上昇に伴って，分子の熱振動が激しくなり，分子間の結合力に打ち勝って流動化し，蒸発するからである．そのため融点や沸点を調べればその分子や化合物の結合力と特徴を知ることができる．

融点や沸点から水の特徴を考えるため，**図 1** を示す．酸素と同族の元素で周期表において下方には硫黄，セレン，テルルがある．それらの水素化物は H_2S，H_2Se，H_2Te で，それらの分子量を横軸に沸点と融点が示してある．沸点と融点は H_2Te，H_2Se，H_2S と水素化物が軽くなるにしたがって低下する．これは分子が軽いと動きやすいので蒸発しやすく溶けやすいからである．ところが，H_2Te，H_2Se，H_2S の沸点と融点を分子量に対して外挿すると，水の分子量は 18 だから水の沸点と融点は H_2S よりも低くなるはずだが，実際にははるかに高くなる．

これは水の結合の性質が関係している．水の分子は 1 個の酸素原子と 2 個の水素原子よりなる．酸素原子は原子番号が 8 で電子を 8 個持っている．そのうち 4

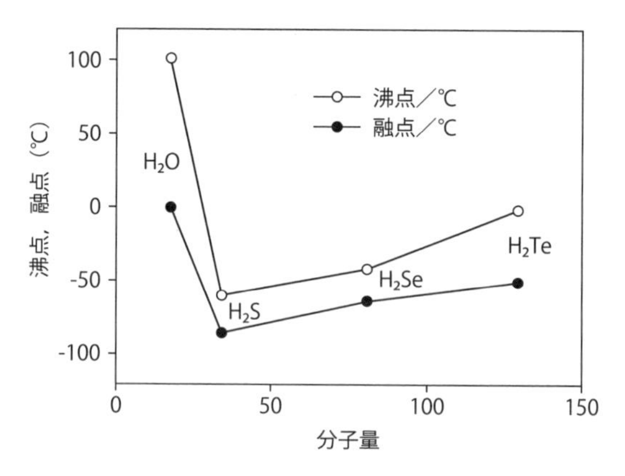

図 1　水素化物の沸点および融点と分子量との関係

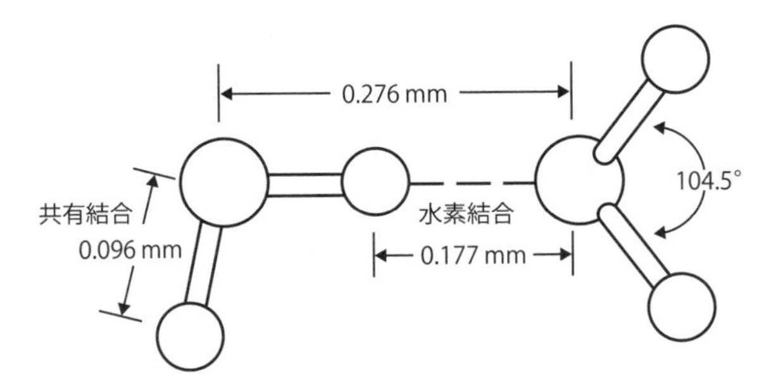

図 2　水分子の結合と水素結合

個の電子は 1 s 軌道に 2 個，2 s 軌道に 2 個あるが，化学結合には関与しない．その外側の軌道（2 p 軌道）に電子を 4 個持っていて，その内の 2 個が水素原子と共有結合を作っている．実際には水の分子が H-O-H の結合角が 104.5°を持った三角形の形をしている．酸素原子は結合に関与しない余った電子（不対電子という）が 2 p 軌道に 2 個存在するために電気的に少しマイナスとなり，水素原子は（電子のとれた H^+ が比較的安定で）プラスの電荷を少し帯びている．酸素の不対電子は隣の分子の水素原子と結び付いて結合を作る．これを水素結合という．**図 2** には，水分子 2 個と両者を結ぶ水素結合の様子を示す．ここで，小さい丸は水素原子，大きい丸は酸素原子である．

水の分子は隣の分子と比較的強い水素結合を作るため，重い化合物である H_2Te に比べても分子間力が強いために沸点や融点が高くなる．

ⓜⓐⓣⓞⓜⓔ

まとめ　水は私たちが日常暮らしている狭い温度範囲で固体，液体，気体の状態をとりうる特殊な化合物である．水はほかの酸素族の水素化物に比べて沸点と融点が異常に高い．それは，水の分子と分子との間に水素結合が 3 次元的につながっていて，分子の運動が起こりにくいからである．

2 話　水の表面張力はなぜ特に大きいか？

よく晴れた日の朝に庭先の葉に露が降りて半球状になっていることがある．これは水の表面張力が大きいのが 1 つの理由である．一般に，液体はすべてその表面を小さくしようとする性質を持っている．それは，液体内部には周りに分子があるために相互に引力が働いているが，表面には分子間の引力が働かないため不安定となるからである．それで表面には表面張力が発生し，液体は表面積が少ない球形になろうとする．表面張力は分子間引力が大きいほど大きくなる．

各種液体の表面張力を**表 1** に示す．炭化水素のみでできているペンタンやヘキサンの表面張力が最も小さい．これはペンタンやヘキサンの分子内は共有結合でしっかり結びついているが，分子間はファンデルワールス力と呼ばれる弱い引力で結びついているからである．これらに比べてアルコールやアセトンなどは極性を持った酸素原子を含んでいるので弱い水素結合が働くため，分子間引力が若干大きくなり表面張力が少し大きくなっている．ベンゼンもやや大きな値であるが，これは不飽和二重結合があるために分子間引力が若干大きくなるからである．これらの化合物に比べて水の表面張力が何倍も大きい．これは水の分子は隣の分子と比較的強い水素結合を作るために分子間引力が大きく，表面張力が大きくなったためと考えられる．

表 1 では，水よりも食塩水のほうが表面張力が大きいことに注目したい．これは，食塩が水中に溶け込むことによって，水―水間の水素結合が弱まると考えられるが，水―Na^+間および水―Cl^-間の引力が水―水間の水素結合よりも大きくなるものと考えられる．

表 1　各種液体の 20℃での表面張力

液体名	化学式	表面張力 (mN/m)	液体名	化学式	表面張力 (mN/m)
n－ペンタン	n-C_5H_{10}	16.00	ベンゼン	C_6H_6	28.90
n－ヘキサン	n-C_6H_{12}	18.40	水	H_2O	72.75
エタノール	C_2H_5OH	22.55	水銀	Hg	476.00
メタノール	CH_3OH	22.60	3.4%食塩水	3.4% NaClsoln.	78.10
アセトン	CH_3COCH_3	23.30	5%食塩水	5% NaClsoln.	80.70

水銀の表面張力は水よりもはるかに大きい値を示している．水銀を床などにこぼした場合に球状の水銀が転がるのを見たことのある人も多いと思われる．水は球状の水滴を作りやすいが，水銀ははるかに強く球状になりやすい．水銀の表面張力が非常に大きい理由は，水銀は自由電子をたくさん持つ金属結合をしているために原子間結合がほかの液体の分子間引力に比べて非常に大きいためである．

水の表面張力が大きいことと浮力を上手に利用して水面上に生きているのがアメンボである．また，水の表面張力が大きいことによって細管内の先端が半球状になり，毛細管現象が起こるため水は細い管の中を進む．そのことによって，動物は血液を身体の末端まで行き渡らせている．植物は蒸散によって失われた水分を根から吸収し上方の葉まで運ぶときに，導管や仮導管内で毛細管現象が働いている．

洗濯において，汚れを取るためには水の表面張力に打ち勝って洗剤が汚れまで浸透する必要がある．洗剤は，浸透，乳化，分散の作用によって汚れを取っている．水と油を含む食品には，食感をよくするため界面活性剤が用いられる．界面活性剤は，水溶性の成分と油成分の界面に整列して，これらの成分を一様に分散させる．

まとめ　水は室温で存在する液体の中で特別大きい表面張力を持っている．その理由は水の分子と分子との間に水素結合を作っており，分子間引力が大きいためである．表面の分子は引き合ってくれる分子が少ないために不安定で，表面積を減らそうとする力が働く．表面張力の大きい物質は球状の形を作りやすい．

3 話　氷はなぜ水に浮くか？

自然界で存在する物質のほとんどは固体を液体に入れると沈む. 例えば, アルコールの固体を－115℃以下で作って液体のアルコール中に入れると沈む. ところが, 氷は水に入れると浮くことは日常的に経験している.

その理由を改めて聞かれてみると, 意外に答えにくい問題である. 直観的な表現で「氷のほうが水より軽いから」などと答える場合があるが, 「1 g の氷と 1 g の水とを比べると氷のほうが軽いといえるか？」と問い返されると誤りに気が付く. 体積を同じにして重さを比較, つまり密度を比較する必要がある.

アルコールの固体をアルコール中に入れると沈むのは, 固体のほうが分子運動が不活発で分子間の平均距離が短いのに対し, 液体は分子運動が活発なため分子間の平均距離が長くなり, 密度が小さくなるからである. これは, 当たり前の現象である. 0℃の氷の密度は 0.917 g/cm^3 であるのに対し, 0℃の水の密度は 1.0 g/cm^3 で, 氷のほうが密度が小さい. 0℃の氷が水になると体積が約 9% 減少することになる. 氷の密度が水よりも小さいから氷は水に浮く. これは, とても不思議な現象といえる. どうして氷の密度が水の密度よりも小さいのだろうか？

この問いに答えるためには, 氷と水の構造を比較する必要がある. 氷の密度が小さいのは, 氷は水よりかさばった構造をしているからである. ピンポン玉は中がすかすかになっているので軽々と水に浮くのと同じ現象である.

氷の構造は**図 3** に示したように, 歪んだ六角形の構造を作っている. ここで, 破線は水素結合を示している. 酸素（灰色の丸）を中心に見ると, 2 つの水素と共有結合を作り, 隣の 2 つの分子と水素結合を作っていることが分かる. 氷の構造

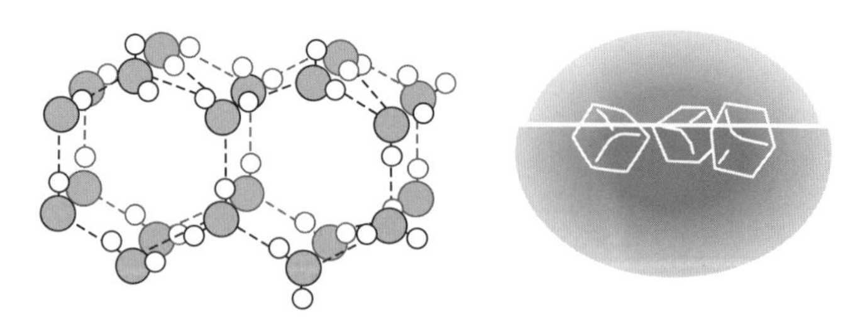

図 3　氷の構造（六方晶）と水に浮く氷

はX線構造解析などから得られたものである．氷の構造は水分子が水素結合によって分子間の角度と距離が決まっているために歪んだ六角形の構造を取るが，真ん中にずいぶんすき間があり，かさばった構造をしている．氷は単位体積当たりに詰まっている分子の数が少なく，密度が小さい．

では，水のほうはどうしてかさばった構造ではないのだろうか？　水の構造も氷の構造を基本としている．水も歪んだ六角形の真ん中にすき間がある構造をしているが，水は液体なので分子の運動が活発で，動きまわることができる．水の分子は歪んだ六角形の真ん中のすきまにも動いて入ることができるので密な構造になれる．

水の構造は絶えず動いているので，これが水の構造だというものを示すことができない．それで，水の構造をパソコンでシミュレーションすることが行われる．実は水の密度は0℃から温度が上がるにつれて大きくなり，4℃で最大になる．その構造は誰も直接見ることができないので，**4話**で分子動力学シミュレーションの結果を示している（**図5**参照）．氷は六角形の構造の真ん中にずいぶんすき間があり，かさばった構造をしているが，水のほうは分子の配列が乱れていて分子が密集している．

ⓜⓐⓣⓞⓜⓔ

まとめ　氷が水に浮くのは水が特異な物質である1つの表れである．0℃の氷の密度は0.917 g/cm^{3}で，水の密度1.0 g/cm^{3}に比べて密度が小さいので，重力よりも浮力のほうが大きくなって氷は水に浮く．氷の密度が小さい理由は，すかすかの構造をしているからである．水は液体なので分子が動く自由度があり，すきまに入ることができるので密な構造になる．

4話　水の密度がなぜ4℃で一番高いか？

凍った湖の氷に穴をあけて釣りをしている光景をテレビなどで見かける．凍った湖で魚はなぜ生きて行けるのか？　それは，湖の表面に氷が張っていても底のほうは凍らないからである．水の密度は 4 ℃ が最大で，気温が 0 ℃ 以下になり氷の近くの水が 0 ℃ になっても，密度が最も高い 4 ℃ 付近の水は下のほうに沈む．それで氷が厚くなっても湖底近くには水が残り，湖に棲む魚は生きていられる．

それでは，どうして水の密度が 4 ℃ で最大なのだろうか？　**図 4** に氷と水の密度が温度によってどのように変化するかを示した．氷の密度は 0 ℃ で 0.917 g/cm^3 だが，0 ℃ の水の密度は急に大きくなって 0.99984 g/cm^3 となる．0 ℃ の水では，六角形をした真ん中に隙間を残した氷の構造の特徴を引き継いでいて，温度が上がるにつれてその構造が壊れていくと考えられる．つまり，0 ～ 4 ℃ では温度が上がるにつれて隙間の多い構造が少しずつ壊れるため密度が大きくなり，4 ℃ では 0.99997 g/cm^3 となる．一方，4℃ を超えると，氷の特徴を持った構造が減り，温度が上がるにつれて分子の運動が活発なため，分子と分子の間の距離が大きくなって体積が膨張する．分子間距離が大きくなるためには，水素結合を切らねばならないが，そのエネルギーを熱運動から得ている．4℃ で密度が最大になるのは水が持つ特異な性質の一つである．

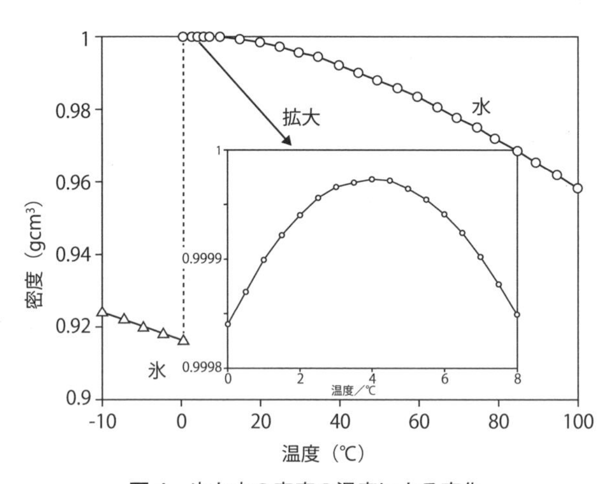

図 4　氷と水の密度の温度による変化

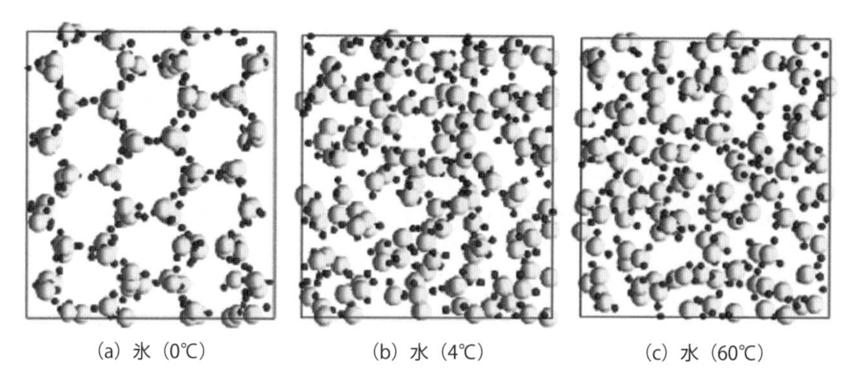

図5　氷 (0℃) と水 (4 および 60℃) の分子動力学シミュレーションの結果
[出典：林 英子ら，千葉大学教育学部研究紀要，第52巻，2004，p.313]

水の構造は絶えず動いているので明示できない．それで，パソコンで分子動力学シミュレーションが行われる．実際には，各粒子の座標と速度および相互作用パラメータを与えて運動方程式を数値的に解いて，時間Δ t 後の全粒子の座標と速度を得る．ここでの計算は，3次元の箱の中にある128個の酸素と256個の水素原子について，計算1ステップの時間間隔Δ t は 4×10^{-16}s (0.4 fs) でシミュレーションを行っている．ここでは，氷と水についてのシミュレーションの結果を**図5**に示す．これは，ある時間経過後（数万ステップの計算）の分子配列のスナップショットを2次元的に表したものである．灰色の丸は酸素原子，黒丸は水素原子を示している．(a) の氷は (b) と (c) にある水の場合に比べて分子数が少ないように見えるが，(a) は紙面に垂直方向に分子が重なっているためである．

液体は，分子の運動が活発で，周囲を動きまわっている．計算では (b) が 4 ℃で密度が 0.998 g/cm^3，(c) は 60 ℃ で密度が 0.977 g/cm^3 となった．(b) は分子が密集しているが，(c) は分子間距離が少しだけ大きいように見える．

ⓜⓐⓣⓞⓜⓔ

㋮㋣㋱ → **まとめ**　氷の構造では六角形の中に隙間があるため密度が小さい．水では分子が動けるため隙間を埋めるように分子が並ぶので密度が大きくなる．0 ～ 4℃ では隙間の多い氷の構造の名残りが壊れるため密度が大きくなり，4℃ で最大となる．4℃ を超えると，温度が上がるにつれて分子の運動が活発になり，分子間の平均距離が大きくなり密度が小さくなる．

5話　水はなぜ暖まりにくく冷めにくいか？

水は暖まりにくく冷めにくいのはよく経験することである．海水浴では，海水は冷たいのに砂浜は焼けるように熱く，太陽が沈むと砂浜は早く冷たくなるのに海水のほうは暖かさが残っている．それは水の比熱容量が大きいからである．比熱容量は単に比熱とも呼ばれ，物質 1 g の温度を 1 ℃ 上げるのに必要な熱量（J）で，水の場合 4.18 J$℃^{-1}g^{-1}$ と表される．

それでは「焼石に水」をどう説明するかという問題がある．90 ℃ に暖めた小石 200 g をビーカーに入れてそこに 10 ℃ の水 200 g を加えると，小石は 35 ℃ くらいに冷えるはずである．それを実験で示すには，熱が逃げないようにビーカーを発泡スチロールの容器で囲んでおく．「焼石」がなかなか冷えないのは，石が大きくて水の量が相対的に少ないこと，石が大きくて冷えるのに時間がかかることなどが考えられる．

水の比熱容量がほかの物質に比べて大きい理由は，2 つある．1 つは，**表 2** に示すように，原子数を同じ数に揃えて比較したグラム原子熱容量*が物質によってあまり違わないため，分子 1 個当たりの水の質量が小さいことが原因である．簡単にいうと，水は軽いため 1 g 当たりの熱容量つまり比熱容量が大きくなる．水は最も原子量の小さい水素を多く含んでいることが分子 1 個当たりの水の質量が小さい原因になっている．**表 2** で水素の比熱容量は，14.4 J $℃^{-1}g^{-1}$ と水に比べて大きいが，水素は気体なので単位体積当たりの熱容量では水に比べてはるかに小さくなる．水が室温で気体ではなく液体だという水の特異性がここで表れている．水は

表 2　25℃における物質の比熱容量とグラム原子熱量*の比較

物質（状態）	比熱容量 ($J℃^{-1}g^{-1}$)	グラム原子熱容量* ($J℃^{-1}$ $(g\text{-}atom)^{-1}$)	モル熱容量 ($J℃^{-1}mol^{-1}$)
水素（気体）	14.40	14.5	29.0
水　（液体）	4.18	25.1	75.3
氷　（固体，0℃）	2.11	12.7	38.1
食塩	0.86	25.2	50.4
鉄	0.45	24.9	24.9
金	0.13	25.2	25.2
アルミナ	0.78	15.8	79.0

水素結合による強い分子間力のために，水が室温で液体として存在することが，暖まりにくく冷めにくい物質という水の特異性の原因となっている

2 つ目の理由は，水は絶えず水素結合を切ったりつないだりしているからである．温度を上げるとき水素結合を切るのにエネルギーを必要し，水の比熱容量は氷のそれに比べて約 2 倍となる．水の分子間が水素結合によって動的に結ばれていることが，水が暖まりにくく冷めにくいもう 1 つの理由である．

〔解説〕グラム原子熱容量*

1 モルの熱容量をモル熱容量という．例えば，鉄とアルミナの熱容量を比較する場合に，モル熱容量で比較すると 1 モルの鉄の原子数はアボガドロ数（6.0×10^{23} 個）になるのに対し，アルミナ（Al_2O_3）は 5 原子で 1 モルを作るので 1 モルの原子数はアボガドロ数の 5 倍になる．熱容量は原子数を揃えて比較しないと正当な評価ができない．それで，1 グラム原子（アボガドロ数）の熱容量を比較する．1 グラム原子とは複数の原子から成る分子を単原子に換算したものをいう．例えば，1 モルの鉄と 1 グラム原子の鉄は同じであるが，アルミナは Al_2O_3 と表され，5 原子で 1 モルをつくるので 1 グラム原子のアルミナの原子数は 1 モルのアルミナの 1/5 となる．

物質が原子の鎖でつながったバネの集合と考え，また室温でこのバネが十分振動可能であると仮定する．その際，1 グラム原子当たりの熱容量は，古典力学的に計算した 3R（ここで，R は気体定数で，8.3 $JK^{-1}mol^{-1}$）に等しくなる．**表 2** でグラム原子熱容量が 25 $J℃^{-1}(g\text{-}atom)^{-1}$ に近い値を示すのは近似的に 3R であることを示す．ここでアルミナがこの値よりかなり小さいのは硬い物質であるために，室温付近では十分振動していないことによる．アルミナも 1 000 ℃ 以上では十分振動しているので 25 $J℃^{-1}(g\text{-}atom)^{-1}$ に近くなる．

㋮㋣㋱　それは水の比熱容量が大きいからである．水の比熱容量が大きい理由は，分子 1 個当たりの水の質量が小さいためである．水は軽い分子なのに水素結合による強い分子間力のために，室温で液体として存在するので比熱容量が大きい．もう 1 つの理由は，水素結合を切るのによりエネルギーを必要とするため水の比熱容量が大きい．

6話　水の特異性の原因は何か？

水の分子は1個の酸素原子と2個の水素原子よりなり，H_2Oと表される．酸素原子は結合に関与しない余った電子（不対電子という）が2p軌道に2個存在するために電気的に少しマイナスとなり，一方の水素原子は（電子のとれたH^+が比較的安定なので）プラスの電荷を少し帯びている．酸素の不対電子は隣の分子の水素原子と結び付いて水素結合を作る．

水素結合は水だけで起こるのではなく，電気的に若干プラスの水素原子と若干マイナス（電気陰性度の大きい）の原子との間で成立する．具体的には原子番号7の窒素，原子番号9のフッ素の水素化物であるNH_3，HFは水素結合を形成する．しかし，N，Fでは不対電子の数がそれぞれ1個および3個であるため水素結合は3次元的に配列しない．NH_3，HFの沸点はそれぞれ－33.4，19.5℃で水に比べてかなり低い．電気陰性度の最も大きいフッ素の水素化物よりも水の沸点が高い理由は，以下に述べるように，水はペンタマーなど3次元的に配列した会合体からなる水素結合を持つために，分子間力が大きいからと考えられる．

氷や水は3次元の空間にあるので，水素結合は2分子間だけで存在するのではない．実際には5個の水分子がクラスター（分子の集まり）を作ったペンタマー（ペンタは5の意味）を形成する．**図6**に水分子のペンタマーのモデルを示す．ここで中央に位置する水分子から見て，4個の水分子が隣接している．氷の結晶では，水分子のH-O-Hの結合角が104.5度を持って結合しながら，すべての分子が水素結合を作るように**図6**に示したペンタマーが3次元的に配列した形をしている．(**図3**および**図5**（a）参照)．分子動力学シミュレーションによると，氷の結晶においては，酸素―酸素間の積算配位数が第1近接ピークの終わった距離で4.0となっている．これは,**図6**で中央の酸素原子の最近接に4個の酸素原子が等距離にあり，ペンタマーが氷の基本構造を形成しているためと考えることができる．

氷の構造では，固体であるため分子はほぼ定位置で振動しているだけである．液体の水においてもペンタマーが3次元的に配列した形をしているが，液体では分子が位置を変える運動しているためにその位置が絶えず動くので乱れた構造をしている．水の構造については詳細はまだ明らかではないが，ペンタマーのほかに6個の水分子の会合体（ヘキサマー）や6員環状のものなどが考えられている．分子動力学シミュレーションによると，液体の水（25℃）においては，酸素―酸素

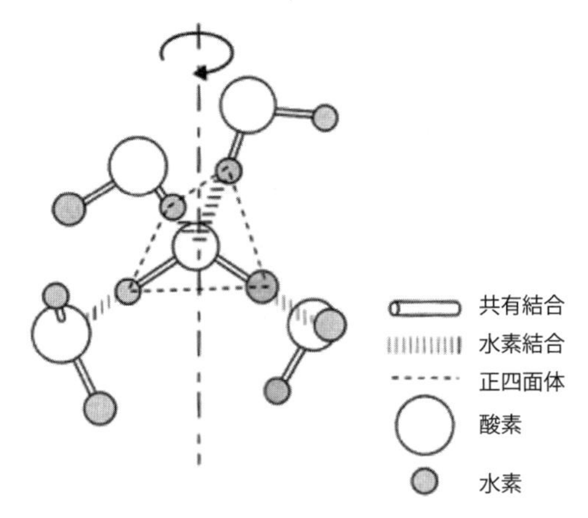

図 6　水分子の会合体（ペンタマー）のモデル

間の積算配位数が第 1 近接ピークの終わった距離で 4.4 となっている．これは液体の水においては，ペンタマー以外に配位数の大きい水分子の会合体が存在するためと考えることができる．

結局，水の特異性は単純にいえば分子間力が水素結合で結ばれているところからきているが，具体的には水はペンタマーなど 3 次元的に配列した会合体からなっているところに原因がある．水がペンタマーなどの会合体を基本構造としている理由は，酸素が 2 p 軌道電子を 4 個持ち，2 個は水素と共有結合し，2 個は不対電子としてそれぞれ隣接する分子と水素結合を作ることに由来している．これは，水が原子番号 8 の酸素と原子番号 1 の水素からなる化合物であることからくる必然的な結果といえる．

まとめ　水の特異性は分子間力が水素結合で結ばれているところからきている．具体的には水は水素結合をペンタマーなど 3 次元的に配列した会合体を形成することにある．酸素の 8 個の電子のうち，2 個の電子は不対電子で外の原子と結合する性質があり，隣接する分子の水素と水素結合を作ることで水の特異性が生じる．

コラム

水の特異性に関するデータ

各種物質と水との性質の比較を**表 3** に示す．ここで，オクタンはガソリンの一成分で，油を代表する分子と考えてもよい．水の融点は 0℃ でエチルアルコールや n －オクタンよりも高い．エチルアルコールや n －オクタンよりも高いのは，水の分子間力が異常に大きいからである．水の密度がそれらに比べて大きいのも同じ理由である．水の比熱容量がほかに比べて大きいのは，水が軽い分子からできているにも関わらず分子間力が大きいからである．

通常，融点の高い物質は沸点も高い．これは，融点の高い物質は分子間の結合が強いので蒸発するのを引き止める力が強いからである．**表 3** の物質においてもほぼその関係が成立している．ところが，n －オクタンだけは水よりも融点が低いにも関わらず沸点が 125 ℃ と水よりも高い．これは，融点に関しては，水の分子間力が勝るため水の融点が高いが，沸点のほうは，分子量は n －オクタンが 114 と水の 18 に比べて数倍大きく，分子が重いため蒸発がしにくいためと考えられる．これは，水が軽い分子からできているにも関わらず分子間力が大きいことによる特異な性質となったものである．

以上から，「水は融点が高いにも関わらず，沸点が相対的に低い．」という結論が導かれる．融点が 0 ℃，沸点が 100 ℃ である水は，氷から水蒸気を生成するまでの温度範囲が狭く，地球上で氷，水，水蒸気という 3 つの状態を取りうる稀有な分子である．

表 3　各物質と水との性質の比較

	化学式	融点 (℃)	沸点 (℃)	密度 (g/cm³)	比熱容量 (JK⁻¹g⁻¹)
エチルアルコール	C_2H_5OH	−115	78.4	0.789	2.42
n−オクタン	n−C_8H_{18}	−60	125	0.703	2.18
水	H_2O	0	100	1.000	4.18

第2章
冷えたコップにつく水滴

この章では，冷えたコップにつく水滴，寒い朝に白く見える息，よく晴れた日の朝に草むらにできる露など日常よく見かける現象について，水滴ができる条件とその原因について述べる．

7話　冷えた飲物の入ったコップの外側に水滴がつくのはなぜか？

部屋の中で冷たいジュースを飲んでいると，コップの外側には水滴がつくことがある．これは空気中の水蒸気が冷えて水滴になったためである．水蒸気が空気中に含むことのできる最大の量は温度によって決まっていて，温度が高いほど空気中に含むことのできる最大の水蒸気量が多い．

部屋の温度は冷たいコップの温度より高いので水蒸気は部屋の中を自由に飛び回っている．家具や壁の温度はほぼ室温と同じなので，水蒸気が家具や壁にぶつかってもは跳ね返るだけある．ところが，水蒸気がコップにたまたまぶつかると，その温度が低いので空気中に含むことのできる水蒸気量を超えてしまい，水滴となってコップにつく．

水蒸気が空気中に含む最大の量が温度で決まる理由は，水蒸気のエネルギーが液体の水のエネルギーより大きいためで，温度が高いほど熱エネルギーが大きいため空気中に含む最大水蒸気量が多くなるためである．

図 7 に飽和水蒸気圧の温度に対する変化を示している．ここで，縦軸の飽和水蒸気圧の hPa（ヘクトパスカル）という単位は圧力の単位である．h（ヘクト）は 100 の意味で，Pa は N/m^2，1 hPa が約 1 g 重／cm^2 である．hPa はテレビの天気予報に出てくる圧力の単位と同じで，1 013 hPa（$1\,013 \times 10^2$ Pa）が 1 気圧にあたる．

冷たいジュースのコップについた水滴の問題を考える．その部屋の温度が 24 ℃で湿度が 53% とすると，24 ℃では飽和水蒸気圧は**図 7** の B 点で 29.8 hPa なので，部屋の中の水蒸気の圧力は 29.8 hPa × 0.53 = 15.9 hPa（**図 7** の D 点）となる．15.9 hPa という水蒸気圧は温度が 14℃ のときの飽和水蒸気圧（**図 7** の C 点）にあたる．ということは，温度が 14 ℃以下の物体が部屋の中にあると水蒸気は気体のままでおれなくなり，水滴ができ始める．このように，水滴ができ始める温度のことを露点（**図 7** の Td 点）と言い，露点以下の温度では水滴ができる．冷たいコップが部屋の中にあっても，コップの温度が露点よりも高ければコップに水滴がつかない．

どうして，飽和水蒸気圧の温度に対する変化が**図 7** のように指数関数的になるかについて，次式を示す．

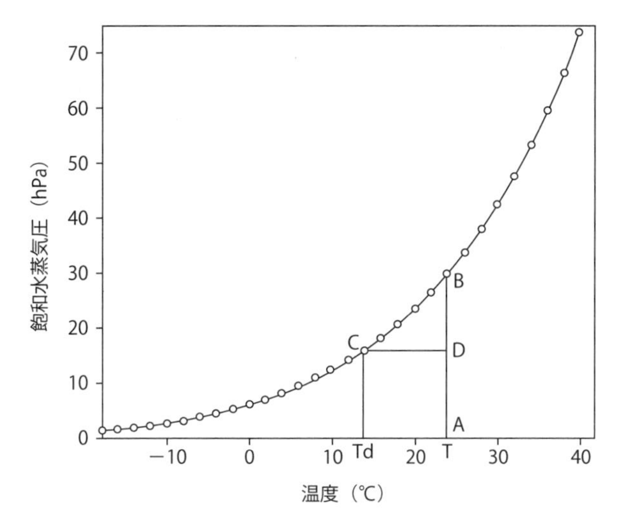

図７　飽和水蒸気圧の温度に対する変化

$$P = P_0 \exp(-\Delta H / RT) \quad (1)$$

ここで，P は絶対温度 T での水蒸気圧（単位：hPa），P_0 は定数（単位：hPa），ΔH は水の蒸発熱（単位：$kJmol^{-1}$），R は気体定数（8.314 $JK^{-1}mol^{-1}$）である．式（1）の意味は，水と水蒸気とが共存するときの水蒸気圧は温度が上がるとともに，指数関数的に上昇する．温度が高いほど水の分子運動が激しくなるため熱エネルギーが大きくなるので，空気中を気体として動き回る量が増えるために最大水蒸気量が多くなる．そのときの水蒸気圧の上昇の仕方を決めるのは，水の蒸発熱 ΔH の値である．これは，水が蒸発して空気中に飛んでいくためには，まわりに存在する水の分子間の引力を切断するエネルギーが必要なためである．分子間の引力を切断するエネルギーが蒸発熱に相当し，水１g 当たり 2 255 J である．蒸発熱が大きいほど，より温度を高くしないと水蒸気圧が高くならないことを示している．

まとめ　空気中の水蒸気がコップのところで冷えて水滴になったのである．水蒸気が空気中に含むことのできる量は，温度が高いほど多い．コップに比べて部屋の温度は高いので水蒸気は部屋の中を飛び回っているが，コップのところにたまたまぶつかると，その温度が低いので水蒸気が空気中に含むことのできる量を超えて，水滴となる．

8話　寒い朝は窓ガラスが結露し，外で吐く息が白く見えるのはなぜか？

寒い朝にカーテンを開けて窓ガラスを見ると，内側にたくさんの水滴がついているのを経験する．この水滴はどこからきたのだろうか？

夕方から夜にかけて，煮炊きをしたりお茶を沸かしたりするので，部屋の温度が相対的に高く，水蒸気が多量に部屋に含まれている．寒い日の場合は朝になって外の気温が下がり，部屋にあった水蒸気が冷えた窓ガラスに当たって水滴になったものと考えられる．

夕方から夜にかけての部屋の中の温度は 15 ℃ くらいだとする．15 ℃ のときの飽和水蒸気圧は**図 7** を見ると 17.0 hPa だから，部屋の中の湿度が 80 % だとして，部屋の中の水蒸気圧は 13.6 hPa である．水蒸気圧が 13.6 hPa のときの露点は**図 7** から，11.6 ℃ と分かる．明け方に外の気温が低くなって，窓ガラスの内側の温度が 11.6 ℃ よりも低くなったら表面に水滴がつくことになる．

このような現象を結露という．結露を防止するには，換気を十分に行うことが有効である．あるいは，外と接する室内側の温度を高くするか，室内の水蒸気量を減らす必要がある．外と接する室内側の温度を高くするために，断熱性の高い複層ガラスや断熱サッシが用いられている．複層ガラスとは，複数枚の板ガラスを重ね，その間に乾燥空気やアルゴンガスを封入するか真空にした中間層を設けた多層の一体化したガラスである．中間層は熱伝導率の低い気体などが密閉されているため，中間層の厚さが増すほど断熱性能が高まる．断熱性能が高まると，結露を防止するだけでなく，エアコンの使用を抑制することになり省エネにもつながる．室内の水蒸気量を減らすためには，除湿器や除湿剤を用いる方法が有効である．

寒い朝に吐く息が白く見えるのはどうしてだろうか？　白く見えるのは息の中に含まれる水蒸気だと考える人がいるかも知れない．しかし，水蒸気の分子は，大きさが 0.2 nm 以下のとても小さい粒子なので見えない．じつは，白く見えるのは息の中に含まれる水蒸気が冷やされて水滴となったものである．人間の体温は 37 ℃ くらいだから，人間の吐く息の温度は 34 ℃，口の中の湿度を 90 % とする．そうすると，**図 7** から 34 ℃ の飽和水蒸気圧が 53.2 hPa だから，その 90 % の 47.9 hPa のときの露点は 32.2 ℃ ということになる．計算上は 32.2 ℃ 以下だと水滴になるはずだが，空気中で水滴になるためには相当温度が低くないと水滴ができない．それは，水蒸気が集まって水滴ができるためには分子の再配置が必要だからである．

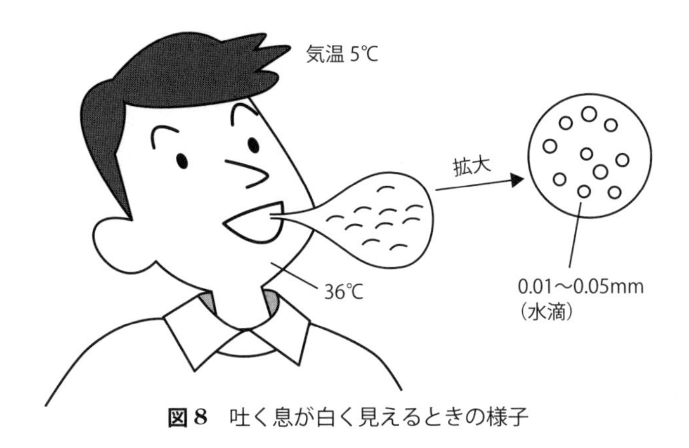

図8　吐く息が白く見えるときの様子

空気中ではコップやガラス窓のように水蒸気が水となってへばりつく物体がないので，表面張力 が働いて自身で球形の水滴とならなければならない．そのため露点以下でも水蒸気のままで存在することも多い．そういう状態を過飽和と呼ぶ．それほど寒くない場合は水蒸気は過飽和状態で存在するので，息は白く見えないが，乾燥した寒い冬の朝に吐く息が白く見える．

ここで，水蒸気は見えないのに水滴だとどうして白く見えるのかという疑問が出そうである．水滴が白く見えるかどうかは，光が私たちの眼にどのように届くかに関係している．光は性質の違う物質に当たると屈折したり反射したりする性質がある．光にとって性質の違う物質かどうかは屈折率で判定される．空気の屈折率は1.0で，水の屈折率は1.33でかなり違う．吐く息でできた水滴の大きさは直径0.01～0.05 mmの粒（水蒸気の分子の5万倍以上）になっている．光が空気中を進んでくると，水滴があるのでその表面で反射して私たちの眼に届くので白く見える．吐く息が白く見えるのは雲や波しぶきが白く見えるのと同じ原理である．

まとめ　寒い朝に窓ガラスが結露するのは，部屋の温度が相対的に高く，朝になって気温が低くなり外から冷やされ窓ガラスが露点以下の温度になったためである．寒い朝に吐く息が白く見えるのは息の中に含まれる水蒸気が冷えて水滴になったためである．白く見えるのは，光が水滴の表面で反射して私たちの眼に届くからである．

9 話　露はどうしてできるか？

よく晴れた日の朝に庭先の葉に露が降りて光っていることがある．また，朝に草むらを歩いていると草に触れて足が濡れることがある．雨が降っていないのに露はどうしてできるのだろうか？

露は天気がよい風があまり吹いていない日に，空気中の水蒸気が地表の露点以下の草や土などの物体に触れて液体となったものである．建物の壁などにも露がつくことがあるが，その場合は玉のような形状になりにくく気がつかないことが多い．露が庭先の葉の上に玉のようになるのは，植物の葉が水をはじくためである．水が玉のようになるのは，水の表面張力が大きいために表面積を減らそうとする力が働き，同じ体積で最も表面積が小さい球形になろうとするからである．**図 9** に草に半球状の露がいくつか乗っている写真を示した．小さい露ほど葉の表面の影響を受けにくくきれいな球に近くなる．大きな球は体積と重量が大きいので重みと葉との相互作用で下のほうが広がりやすく，葉の面に沿って広がるので半球状になっている．固体の表面に液体がある場合の液体の形状については，**43 話**で述べる．

水蒸気が露点以下に冷やされたとき，それが 0 ℃ 以上のときは露，0 ℃ 以下のときは霜になる．霜については **15 話**で述べる．

では，どうしてよく晴れた日の朝に露が降りやすいのだろうか？　それは，晴れ

図 9　草に半球状の露がついている ［出典：フリー百科事典 ウィキペディア］

た日の夜は放射冷却が起こりやすいからである．放射冷却とは地表の熱が光（赤外線）を放射して宇宙空間に放出されることで起こる．宇宙空間は－200℃以下の温度なので，雲などの障害物がなければ放射冷却で冷え込み，露点以下の温度になりやすくなる．

砂漠地帯では晴天が多いので昼間は気温が高いが，夜は放射冷却で気温がかなり下がる．そのため明け方に露が降りることが多い．砂漠地帯の植物は雨があまり期待できないので，露の水をうまく吸収しやすいように地表の浅いところに根を張り巡らせている．

さらに，砂漠地帯のサボテンにはトゲがある．トゲは外敵から身を守る意味もあるが，強い日差しを散乱させて表面温度を下げる機能や空気中から水分を取る機能も備わっている．明け方に気温が露点以下になっても露ができない場合がある．露点以下になっても露ができない理由は，水蒸気の分子が何かのきっかけがないと集合して液体の水になりにくいためで，この現象を過飽和という．トゲの先端には水蒸気の分子が集まって，露ができやすい．そういうことがサボテンは雨が降らなくても生き続けることができる1つの理由になっている．

㋮㋣㋱　露は空気中の水蒸気が地表の露点以下の植物の葉や土などの物体に触れて液体となったものである．晴れた日の夜は放射冷却が起こりやすく，気温がぐっと下がるので露が降りやすい．植物の葉の上で露が球のようになるのは，植物の葉が水をはじく性質を持っていること，水の表面張力が大きいので球状になりやすいからである．

10話　お風呂場に眼鏡をかけて入るとなぜ曇るか？

眼鏡をかけたままお風呂場に入って，眼鏡が曇った経験をした人があるかも知れない.

お風呂場だとどうして眼鏡が曇るのか？　この問題は寒い朝に吐く息が白く見えるのと似ている.

問題を考えやすくするために，脱衣所の温度が 20 ℃，お風呂場の温度は 24 ℃くらいとする．それで，お風呂場の水蒸気圧はどれくらいかを考える必要がある．24 ℃ での飽和水蒸気圧は，**図 7** より 29.8 hPa だから，お風呂場の湿度が 90 % だとして水蒸気圧は 26.8 hPa くらいになる．温度が 20 ℃ くらいの環境にいた人の眼鏡の温度も 20 ℃ くらいになっている．その人がお風呂場に入っていくと，20 ℃の温度の眼鏡が 26.8 hPa の水蒸気圧にさらされることになる．26.8 hPa の水蒸気圧は 22.1 ℃ 以下の温度（露点）では水蒸気として存在できなくなって，眼鏡の表面で水滴になる．この説明が本当かどうか確かめたい場合は，ドライヤーか何かで眼鏡を予め温めてからお風呂場に入るとよい．眼鏡の表面に水滴がつくことがなく，眼鏡は曇らないはずである.

ここで，眼鏡の表面に水滴がつくとどうして曇るのかと不思議に思うかもしれない．水は表面張力が大きいので水滴は球形になろうとする性質がある．お風呂場に入ると，眼鏡のガラス表面に細かい半球形の水滴がたくさんつく．水滴が半球形になるのは，ガラス表面が平らなために水滴が表面に沿うようにつくからである．そうすると，光は半球形の水滴のところで屈折したり，反射したりして，眼のところまで届く量が少なくなる.眼のところまで届く光が少なくなるために曇って見える.

図 10　お風呂場では眼鏡が曇る

ここで，お風呂場に入るときに眼鏡が曇るのは，表面張力が大きいという水の性質が関係している．

半球形の水滴のついた眼鏡の表面を手でこすると，眼鏡の表面の水が引き伸ばされて透明になり，少し像がゆがむけど見えるようになる．これは，半球形の水滴が手でこすることによって水の層となり光が通るからである．

眼鏡だけでなくてお風呂場にある鏡も水滴が半球状につくのでよく曇る．ガラスは親水性なので，曇りはないはずだが，時間とともに水垢や油汚れなどで表面が疎水性（水をはじく）となり曇ってくる．水垢の成分には水道水中のマグネシウムやカルシウムなどが含まれていて取れにくくなる．水垢や油汚れなどによる鏡の曇りをとるためには日常的な掃除が必要である．掃除には歯磨き粉や洗剤を用いて磨くと曇らなくなる． 歯磨き粉には研磨剤の成分があるためである．また，酸化チタン光触媒をガラス表面にコーティングした鏡は曇らないので，半永久的に使える．光触媒をコーティングしたガラス表面は超親水性といって，親水性が非常に大きく，水は半球状にならずに薄い水の膜になる．そのため，光の散乱はなくなり曇らなくなる．超親水性とは固体と液体との接触角が 10° 以下の場合をいう．

㋮㋣㋱　お風呂場よりも低い温度にいた人の眼鏡が，急に高温多湿のお風呂場に入ることにより，眼鏡の付近にある水蒸気が冷やされて露点以下になり，水滴になる．水滴はガラス表面に付着して半球状となるので，光はそこで屈折したり反射したりして，眼まで届く光の量が少なくなるので眼鏡が曇って見える．

11 話　お湯を沸かすと湯気が白く見えるのはなぜか？

お湯の湯気は水蒸気だと思っている人が結構多いらしい．水蒸気は水の分子が非常に小さく気体だから眼には見えない．となると，白く見える湯気は水蒸気ではなくて水滴だということになる．ものが白く見えるのは，光がそこで反射して私たちの眼に入るからである．光がそこで反射するためには性質が大きく違った物質が存在しなければならない．湯気が白く見えるのは，空気と性質の違う物質があるということになる．空気と水蒸気は光にとって性質があまり違わないが，空気と水滴とでは性質が大きく違う．湯気が白く見えるのは，寒い朝に吐く息が白く見えるのと同じ原理である．

息が白く見えるのと 1 つだけ違うのは，お湯を沸かしているときは温度が高いことである．やかんから湯気が出る口をよく見ると湯気が白く見える手前に何も見えないところは水蒸気が出ているところである．やかんのお湯は 100 ℃ になると沸騰する．**図 7** の飽和水蒸気圧の図で，温度がずっと高くなるところまで延長すると, 100 ℃ のときに 1 気圧（1 013 hPa）になる．その温度のことを沸点といい，沸点で液体は沸騰する．そうするとたくさんの泡（気体）が出てくる．この泡が水蒸気である．やかんの中にははじめ空気が入っていたが，温度が高くなると水蒸気がどんどん出てくるので，空気が追いだされて水蒸気で満たされる．これがやかんの口から出てくる．

図 11　やかんの口から出る水蒸気（口の近くで透明）と白く見える湯気（水滴）

やかんの口から出てきた水蒸気は温度が高いが，まもなく冷たい空気で冷やされて水滴になる．水滴になるのはその温度で含むことができる水蒸気量を超えてしまうからである．沸騰する前でも水蒸気は出ているが，水蒸気の温度が相当高くなって空気との温度差がかなりないと水滴にはならない．ある程度沸かしてお湯の温度が高くならないと白い湯気が見えないのはそのためである．

白い湯気は温度が高く周りの空気より軽いので上昇する．上のほうに行った湯気は広がるが，やがて見えなくなる．白い湯気が見える領域では水滴から水蒸気が蒸発しても周りに水蒸気がたくさんあるので水滴に戻ってくる分子も多いが，上方では周りからの空気の割合が多くなって，水蒸気が少なくなる．そのため湯気の水滴の表面から水蒸気が蒸発する分子の数が大きくなり，水滴がなくなるためである．

寒い日に息が白く見えるのとやかんの口から出てきた水蒸気が白く見えるのは同じ原理であるが，違うのは，お湯を沸かしたときに出てくる蒸気の温度が 100 ℃近くでとても高いことである．私たちの住んでいる環境では，室温はどんなに高くても 40 ℃ 以下なので，お湯を沸かしたときに 100 ℃ 近くの水蒸気が 40 ℃ 以下の空気に触れ，露点より相当低い温度になるため，必ず水滴となって白く見える．一方，寒い日に息を吐く場合は，露点より多少低い温度になっても，過飽和となって水蒸気のままで存在することもあるので，息が白く見えないこともある．

㋮㋣㋱　やかんの口から出てくるのは沸騰した水蒸気だが，空気と同じ気体なので見えない．水蒸気は周りの空気で冷やされて露点以下になり水滴になる．この場合，水蒸気の温度は高く室温との温度差が大きく水蒸気は軽いので上昇し，その過程で冷やされて水滴になる．湯気が白く見えるのは水滴の表面で反射した光が私たちの眼に届くからである．

コラム

ビーカーに水を入れアルコールランプで加熱するとビーカーの表面が曇る

食塩水などをビーカーに入れてアルコールランプで熱する授業が学校でよく行われる．そのときに，アルコールランプに火をつけると，ビーカーの表面が曇る．それは水蒸気が水滴になったためと考えられる．その水蒸気はどこからきたのだろうか？　もし，それが空気中からきたとすると，空気中の水蒸気は温度の高い火の近くで水滴になるという不自然なことを考えなければならない．

答えは，アルコールが燃えて二酸化炭素と水蒸気になったからである．水蒸気は炎のところで発生するので温度が数百℃だが，それが四方に広がる．そして，最も温度の低いところで凝縮して水となる．炎の近くで最も温度の低いところは食塩水が入ったビーカーである．この場合，水蒸気の発生の反応は，

$$C_2H_5OH + 3O_2 \rightarrow 2CO_2 + 3H_2O \qquad (2)$$

となる．アルコールが燃えてできた水蒸気が露点以下の温度のビーカーの表面で水滴となった．ただし，ビーカーの表面で水滴がついて曇って見えるのは始めだけで，アルコールランプを加熱し続けるとビーカーの表面温度が高くなり，水蒸気が近くにきても露点以上の温度になり，もはやビーカーの表面が曇らなくなる．

ビーカーについた数多くの水滴は表面張力のため，半球形になる．光は食塩水やガラスの部分は通過するので透明だが，水滴のところで屈折したり反射したりして私たちの眼に届く光が減るため，ビーカー表面が曇って見える．

図 12　アルコールランプで加熱したときにつく水滴

第3章
水の姿の変化

氷は温度を上げてゆくと水になり，やがて水蒸気になり蒸発する．これは自然界でも見られるし，日常生活でも氷を冷却に使ったり，水を煮炊きに使ったりしている．この章ではこの当たり前に見える現象がなぜ起こるか考える．

12話　水は冷えるとどうして氷になるか？

水を冷蔵庫の製氷室に入れておくと氷ができる．製氷室は－20℃くらいに設定してあるので凍るのは当たり前だと思うかも知れない．しかし，それは経験的に知っているだけで，改めて聞かれてみると意外に答えにくいものである．

氷のように形があるものは，固体と呼ばれる．水のように形がなくて容器がなければどこへでも流れていってしまうものは液体と呼ばれる．氷には形があって，水にはどうして形がないのだろうか？　氷も水も，とても小さな分子がたくさん集まってできている．固体の氷は，隣にいる分子とお互いにしっかり手をとりあって結びついている．これに対して，液体の水は，隣にいる分子とお互いに手をとりあって結びついているが，手をとりあう相手を次々に変えている．

水の中でも分子はお互いに手をとりあって結びついているが，分子は動き回ることができる．次々に手を結ぶ相手を変えながら動いているので，流動的な液体になる．水を冷やしていくと，温度が下がってきて水の分子の動きがだんだん鈍くなる．それで温度が0℃以下になると，水の分子は手をつなぐ相手が決まり，きれいに並ぶようになる．きれいに並んだら形が決まるので，もはや流動性がなくなって固体となる．固体になると，結晶構造が決まり分子は決まった位置で熱振動するだけになる．これが水が氷になるということである．

水の分子は1個の酸素原子と2個の水素原子よりなり，H_2Oと表される．酸素原子は電子8個のうち4個は化学結合には関与しない．2p軌道に電子を4個持っていてその内の2個が水素原子と共有結合を作り，結合に関与しない2個の不対電子が隣の2個の分子にある水素原子と水素結合を作っている．水素結合を介して隣の分子と連なりペンタマーを作っている．氷の結晶構造は**図3**に示したように1つの酸素原子を中心に見ると4個の水素原子に囲まれている．

一方，液体の水においてもこれに近い構造をしているが，分子が運動しているためにその位置が絶えず動くので乱れた構造をしている．水の構造の例は分子動力学シミュレーションの結果を**図5**に示した．隣の分子と水素結合をしているが，分子の運動エネルギーが分子間の結合エネルギーよりも大きく，その相手は絶えず入れ替わる．そのため，水の構造はこれだというものを示すことができない．

水の分子H_2Oの2つのO-H結合は強い結合で，人間に例えれば1夫2妻制あるいは2夫1妻制の婚姻関係のようなものである．離婚する確率は小さいのでこの

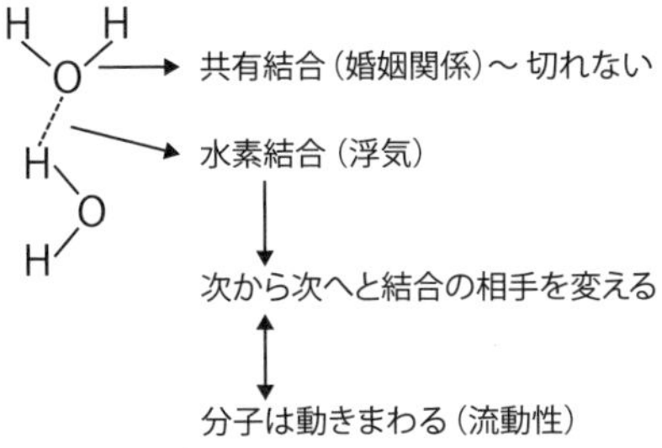

図13　水が流動性を持つときの分子の状態

結合は壊れないと考えてよい．一方，水素結合は，婚姻関係にあるOおよびHがそれ ぞれ隣の分子のHおよびOとゆるやかな結びつきを持つもので，人間に例えれば双方が浮気をしているようなものである．氷においては，すべての原子が**図3**に示すように，婚姻関係を保ちながら決まった相手と浮気をしている．ところが，液体の水においては，婚姻関係を保ちつつ浮気する相手を次々と変えながら動き回る．フォークダンスをしているようである．分子が互いに相手を変えながらフォークダンスをする主体はOとH原子で，分子内のO－H結合を保ちながら，たまたま隣に来た別の分子のHまたはO原子とダンスをする．

水の温度を下げていったらどうなるだろうか？　相変わらずフォークダンスをしてはいるが，踊りのテンポは次第にゆっくりになり相手を変える速度も遅くなる．温度が下がり0℃になると，踊りはほとんど止まり婚姻関係は元より浮気の相手も決まってしまう．これが水が固体の氷となり，決まった結晶構造を持つ状態である．この状態で「踊りはほとんど止まり」と書いたが，完全に止まったわけではない．0℃でも熱エネルギーはかなりあるので，定位置での熱振動がある．中には勢い余って表面から外に飛び出す分子が出てくる．これは昇華という現象で，固体の氷から気体の水蒸気が飛び出す．

ⓜⓣⓜ　水を冷やしていくと，水の分子の動きが鈍くなり，温度が0℃以下では水の分子は水素結合をする相手が決まり，結晶構造を作る．それで形が決まるので，もはや流動性がなくなり固体となる．これが水が氷になるということである．液体の水でも隣の分子と水素結合を作っているが，その相手が変わるので，形が決まらず流動性がある．

13話　水は冷凍庫では凍るのに，冷蔵庫ではなぜ冷えるだけか？

冷凍庫の温度は普通－20℃，冷蔵庫の温度は5℃くらいになっている．水は0℃以下にならないと氷にならない．冷凍庫の温度は－20℃くらいになっているので氷になるが，冷蔵庫の温度は0℃以上なので水のままである．

ここで，どうして水は0℃以下にならないと氷にならないのだろうか？　しかし,これは水というものの性質で決まっている．ものによって固体が溶ける温度(融点）が違う―これは，誰も変えることのできない性質である．

例えば，てんぷら油や灯油，アルコールなどは冷凍庫に入れておいても凍らない．アルコールの融点は－114℃と非常に低い．どうしてものによって凍る温度がそんなに違うのか考えてみたい．ものが溶けるということは，分子と分子の結合が部分的に切れて，流動的になるということである．水の融点が比較的高い0℃ということは，氷の中の分子間の結合が強いということである．**図1**において酸素と同族元素の水素化物の中で水が異常に高い融点を持っていることを示した．氷の中の分子間の結合は，**図3**にあるように歪んだ六角形の形でつながっている．分子と分子が水素結合によって強く結合しているのが氷の結晶の特徴である．氷の分子は水素結合によって隣としっかり手を結んでいるために，溶かすために十分な熱エネルギーが必要なのでアルコールよりも融点がかなり高いのである．

水の融点が誰にも変えられないと述べたが，水の融点を下げる方法がある．それは水の中に不純物を加える方法である．不純物があると不純物に邪魔されて結晶構造が作りにくくなる．それでより温度を下げないと凍らない．食塩を添加すると融点が下がる．海水が真水より凍りにくいのはそのためである．この現象を凝固点降下と呼ぶ．冬に道路に雪が積り始めると融氷雪剤として食塩や塩化カルシウム（$CaCl_2$）が使われている．

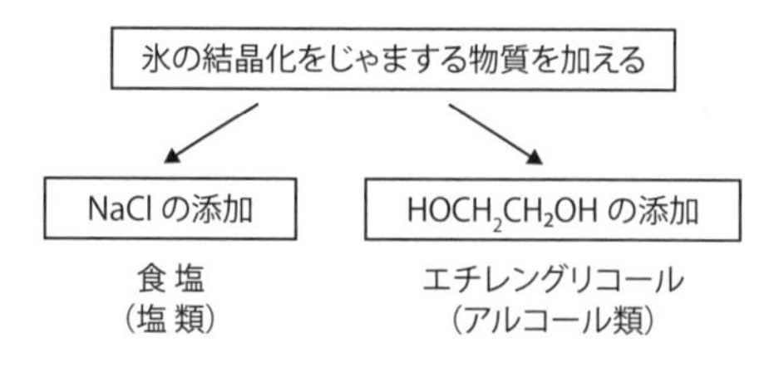

図14　水の融点を下げる方法

寒い地方では車のラジエータの中の水が凍ると，車の走行ができなくなる危険がある．そこで冬が近づくとエチレングリコールというアルコールの一種を水に溶かして入れ，液体の融点を下げる．エチレングリコールの水溶液は混合割合によって融点が変わり，40 重量 % で－ 20 ℃ 以下になる．不凍液の物質を選ぶときは，溶解量が多いほど融点が大きく下がるので溶解量が多く沸点の高いものを選ぶ．アルコール類は OH 基を持ち水と似た性質を持っているので水への溶解量が多い．エチレングリコールは $HOCH_2CH_2OH$ の形で表わされ，分子の中に OH 基を 2 つ持つので水に溶けやすい．

次に，固体の氷を加熱する場合を考える．小中学校で氷をビーカーに入れてアルコールランプで加熱し，温度変化を測定する実験がよく行われている．実験は冷凍庫で作った氷を砕いてビーカーに入れ，温度計で温度を計るところから始まる．氷の温度は冷凍庫で作ると－ 20 ℃ くらいだが，氷を砕いたりしているうちに平均－ 10 ℃くらいにはなっている．これをビーカーに入れてアルコールランプで加熱すると，温度が上がり下のほうの氷が溶け出すころは温度計は 0 ℃ になっているはずである．

だいぶ氷が溶けてくると，温度計が正しければ温度は 0 ℃ になる．温度計は残っている氷の量に関係なく 0 ℃ で変わらない．そのとき，アルコールランプで熱した熱はどこに行ったのだろうか？　それは氷を溶かすのに使われたのである．1 g の氷を水に変えるのに，約 334 J（79.8 cal）の熱量が必要で，それを融解熱という．その熱量はアルコールなどに比べてかなり大きいが，その理由は氷が水素結合によって分子間が強く結合しているからである．その熱量は，氷の構造の中の水の分子が決まった位置で結合した状態から，結合を部分的に切って構造を壊し，ある程度自由に動く状態になるためのエネルギーとして使われたのである．それで，氷があるうちは熱を加えても熱は氷を水に変えるために使われるので温度は 0℃ で変わらない．

まとめ　水の融点は 0℃なので 0℃以下でないと氷にならない．水の融点がアルコールなどの物質に比べて高いのは，氷の分子間が水素結合で強く結合しているためである．氷を熱しても氷があるうちは温度は 0℃で変わらない．その熱は氷の分子間の結合を部分的に切り，ある程度自由に動く液体の状態になるためのエネルギーとして使われる．

14話 冷凍庫に氷を長期間放っておくとなぜ消えてなくなるか？

冷凍庫の中ならー 20 ℃くらいには冷えているから蒸発するはずはないと思うかも知れない．ところが，たとえー 20 ℃ でも氷は（昇華）蒸発する．

固体は原子または分子が規則的に並んで構造を作っているが，原子または分子はその平衡位置の付近で振動している．絶対零度（－ 273.15 ℃）ではほとんど静止しているが，温度を上げていくと，振動が次第に激しくなる．熱振動のエネルギーは k をボルツマン定数，T を絶対温度とすると，kT で表される．それで，熱振動の程度を比較するには ℃ ではなく，K で比較する必要がある．－ 20 ℃ というと温度が低いようだが，絶対温度で表した 253 K は水の融点の 273 K にかなり近いから振動の状態は水が溶けるときの状態とそれほどは違わないことになる．それで，253 K でもたまたま大きく振動する分子が現れてきて，勢い余って水蒸気として外に飛び出す．

その外に飛び出す水蒸気の分子の確率が温度によって決まっていて，式（1）のように絶対温度の増加とともに指数関数的に増加する（**図 7**）．**図 7** でー 20 ℃ での蒸気圧が約 1.1 hPa あり，氷の表面から 1.1 hPa の圧力で水蒸気が飛び出している．冷凍庫の中で氷から飛び出した分子は，冷凍庫の中の壁について霜みたいになったのもあれば，冷凍庫を開けたりしたときに外に飛び出したのもあるかも知れない．したがって，冷凍庫で氷を作って長期間放置しておくと，氷の表面から水蒸気の分子が昇華蒸発し，消えてなくなる．

冬に蔵王などに行くときれいな樹氷が見られるが，晴れの日が続き数日後に行っ

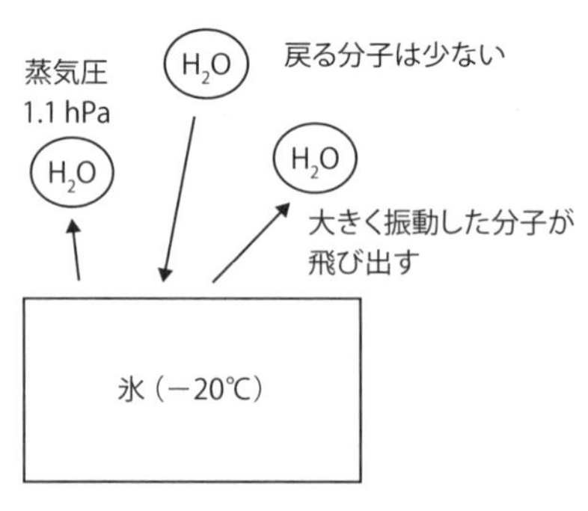

図 15　氷から水蒸気が昇華蒸発する様子

たら丸い氷の粒になっていたということがある．曇りや晴れの日が続くと気温が0 ℃以下でも樹氷の先端部分から昇華蒸発して丸みを帯びてくる．樹氷の先端部分は先が尖っているために，蒸発が起こりやすい．冷凍庫の氷でもよく観察すると，角の部分から昇華蒸発が起こりやすいので，角に丸みを帯びてくるのが見られる．凍てつくような寒い日に濡れた布を外に放置して，数日後に見たら乾燥していたということがある．これは布にある水が凍り，その氷が昇華蒸発したことによる現象である．

雪は氷の結晶だが，新雪は内部に空気をたくさん含んでいるためにふわふわしている．降り積もった雪は結晶の先端部分から昇華蒸発が起こり，蒸発した水蒸気の分子は気体なので自由に飛び回り，周囲の別の雪の結晶部分に取り込まれる確率が大きくなる．結晶の先端部分は昇華蒸発が起こりやすいので，結晶の尖った部分は次第に消滅し，全体として丸みを帯び，空気の部分が少なくなる．これがしまり雪で，新雪が次第に硬くなる要因に昇華蒸発が寄与している．しまり雪が増えると雪同士の結合が増えるので雪崩が起きにくくなる．

氷の温度を上げていくと，固体から液体になり気体になる．ところが，二酸化炭素は常圧では固体から液体を経ないで，いきなり昇華蒸発して気体になる．それで，ドライアイスを入れたケーキの箱は濡れる心配はない．ドライアイスは－ 79 ℃で昇華蒸発する．ドライアイスを水の中に入れると，水から熱をもらって大きな二酸化炭素の泡がたくさんでき，水の中に氷ができる．低温のドライアイスによって水が冷やされて氷になったためである．

また，ナフタレンは防虫剤として使われるが，昇華蒸発する現象を利用している．ナフタレンの昇華蒸発の速度が非常に遅いのでナフタレンの蒸気が長期間存在するので，防虫効果が長期間持続する．

㋮㋣㋱　氷の分子は決まった位置で振動している．絶対零度では振動がほぼないが，温度が上がるにつれ振動が激しくなる．冷凍庫の－ 20℃というと融点の 0℃に近いので大きく振動する分子が現れてきて勢い余って水蒸気として外に飛び出す．これを氷の昇華蒸発という．氷の昇華蒸発は角ばったところで起こりやすく次第に丸みを帯びてくる．

15話　霜や霜柱はどうしてできるか？

雪が降っていないのに庭先が白いものにうっすらと覆われることがある．これが霜である．霜は関東地方では 11 月ごろに始まる．春先の晩霜（おそじも）は 4 月下旬から 5 月上旬にかけて農作物に被害を与える．気温が 4 ℃ 以下のときに霜ができやすいと言われている．気温が 0 ℃ 以上なのに霜はどうしてできるのだろうか？

霜は天気がよい風があまり吹いていない日に，空気中の水蒸気が地表の 0 ℃ 以下の物体に触れて昇華凝縮したものである．ここで，昇華凝縮とは気体が固体になることを指している．第 2 章の**図 7** を見ると，水蒸気圧が 0 ℃ 以上から 0 ℃ 以下まで連続的に変化している．水蒸気が空気中を飛行していて，たまたま地表の 0 ℃以下の物体に触れたとき，それが露点以下の温度だと霜になる．0 ℃ 以下の物体に触れたとき，物体の表面で水の分子が氷の結晶を作るような位置に次々に凝縮する．

では，気温が 0 ℃ 以上なのにどうして地表の物体の温度が 0 ℃ 以下になりうるのだろうか？　気温は地表の温度ではなくて，地上 1.2 〜 1.5 m のところの風通しのよい日光が直接あたらない場所の空気の温度と定められている．晴れた日の夜は放射冷却が起こりやすくなる．放射冷却とは地表の熱が光（赤外線）を放射して宇宙空間に放出されることで起こる．宇宙空間は − 200℃ 以下の温度なので，雲などの障害物がなければ放射冷却でぐっと冷え込み，地表の温度が地上 1.2 〜 1.5 m のところの温度より低くなり空気中の水蒸気が凝縮して霜となる．

雪が降っていないのに寒い日の朝に土が数 cm も盛り上がって細長い氷の柱がで

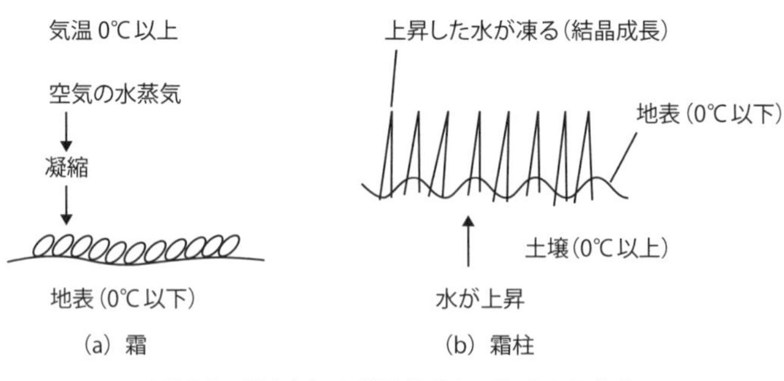

図 16　霜(a)および霜柱(b)の生成する条件

きることがある．これが霜柱である．霜柱はどうしてできるのだろうか？

霜柱は霜とはできる原因が違う．霜は空気中の水蒸気が凝縮して氷となったものだが，霜柱は土壌中の水分が地表に昇ってきて氷結して柱状の結晶となったものである．この場合，土壌中の温度が０℃以上，地表面の温度が０℃以下でないと霜柱ができない．

このような条件では，凍っていない地中の水分が毛細管現象で吸い上げられるが，地表に達すると冷えた空気によって冷やされて凍ることを繰り返し，霜柱が成長する．固まった土では土が持ち上がりにくいため霜柱は起こりにくく，耕された畑の土などで起こりやすくなる．砂や砂利など粒と粒の距離が長い場合は霜柱ができにくい．また，関東地方の関東ロームは土の粒子が霜柱を起こしやすい大きさであるため，霜柱ができやすい．

霜柱が成長すると，土が持ち上げられてしまい，さまざまな被害をもたらす．植物は根ごと浮き上がってしまい，農作物が被害を受ける．ひどい場合は，霜柱によって地面が盛り上がって家が傾いたり，線路がでこぼこして列車の運行に支障をきたすこともある．

北極圏など温度が十分低く冷却速度が大きいところでは，水分が凍結する場所が地中になり，地中に霜柱ができる．この場合は，霜柱と呼ばずに凍土という．

㋮㋣㋱　霜は晴れた夜で，気温が０℃以上でも地表が０℃以下のとき，空気中の水蒸気が地表の物体に触れて氷の結晶になったものである．霜柱は地表面の温度が０℃以下のときに土壌中の水分が地表に昇ってきて氷結して柱状の結晶となったものである．土壌の温度が０℃以上で十分水分を含み，地表面が放射冷却などで急に冷えるときに起こりやすい．

16話　お湯を沸かすとなぜ水がなくなるか？

ビーカーに水を入れてアルコールランプで加熱したとする．しばらくすると，ビーカーの中に泡がいくつも出てくる．あの泡は空気，それとも水蒸気だろうか？　それが空気と考えると，空気は水には少ししか溶けないからあんなに泡が出てくるはずがないと考えられる．それで，あの泡は水蒸気だということが分かる．加熱し続けると，泡は水のどこからでもたくさん出てくる．

このように，液体のどこからでも気体が発生してくる現象を「沸騰」という．液体の水が沸騰によって水蒸気という気体になって空気中に飛び出していくので水がなくなる．普通の条件では，大気圧は 1 気圧だから 1 気圧で沸騰する温度を沸点と呼ぶ．水の沸点は 100 ℃ なので，加熱し続ける途中で 100 ℃ になると沸騰し，水がなくなるまで温度は 100 ℃ であり続ける．

お湯を沸かさなくても，水たまりの水はいつの間にかなくなる．沸かしたお湯がなくなるのと，水たまりの水がなくなるのとどこが違うのだろうか？　蒸発というのは，水の分子が表面から水蒸気となって出てくることをいう．そのときの蒸気圧は**図 7** にあるように温度が高くなるにつれて指数関数的に大きくなる．蒸発が表面から起こる理由は，水の分子が時速数百～ 1,000 km 以上の速度で分子運動をしていて，内部だとほかの分子にぶつかってしまうからである．表面近くで分子がぶつかりあって，たまたま上向きの速度成分を持った分子が，表面から外に飛び出すのが蒸発である．

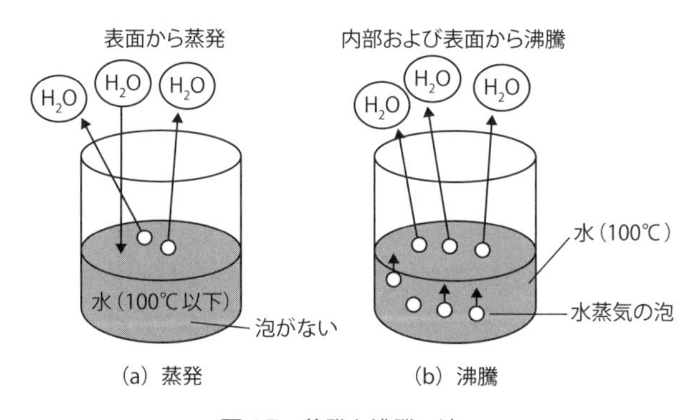

図 17　蒸発と沸騰の違い

水たまりの水がいつの間にかなくなるのは湿度が100 % でない限り必ず起こる．それは，湿度が100 % でない限り蒸発した分子が空気中から水たまりに戻ってくる 分子より多いからである．温度が高いほど，湿度が低いほど，風が強いほど水たまりの水が早く乾く．温度が高いほど**図7**にあるように蒸気圧が高く，湿度が低いほど空気中から水たまりに戻ってくる分子の数が少なくなり早く乾く．また，風が強いほど早く乾くのは，水たまりの近くにある水蒸気の分子を吹き飛ばしてくれるので水たまりに戻ってこないからである．

一方，水の沸騰は100 ℃ にならないと起こらない．それは，水の蒸気圧は100 ℃ で1気圧（1 013 hPa）だからである．これは，水というものが持っている性質である．水の沸点が酸素と同属の水素化物の中で異常に高いのは，水の分子間力として水素結合が形成されているからである．では100 ℃ になると水の中でどういうことが起こるのだろうか．水はいつも表面から大気圧（1気圧）に押されている．100 ℃ 以下の温度で水の内部で水蒸気の泡ができたとしても，水蒸気の泡は大気圧に押しつぶされてしまう．ところが100 ℃ になると，水蒸気の泡は大気圧と同じになるので泡として出てくるようになる．それで，沸騰するとどこからでも泡が盛んに出てくる．

富士山の頂上では，大気圧が約0.9気圧（913 hPa）と低いので水が沸騰する温度は約87 ℃ に下がる．これは，大気圧が低いので87 ℃ で水蒸気の泡が大気圧と同じになるからである．富士山の頂上でご飯を炊くとすれば，最高温度が87 ℃ なので，十分にデンプンの糊化が進まず生煮えになってしまう．逆に，2気圧まで耐えられる圧力鍋を使うと約120 ℃ のお湯ができ，高い温度で調理できる．

火力発電では水蒸気の力でタービンを回し発電する．火力発電の効率は温度が高いほど高くなる．それで温度は600 ～ 700 ℃ で運転されている．その温度での水蒸気圧は当然高くなり，30 MPa（300気圧）以上になる．

ⓜⓐⓣⓞⓜⓔ

ⓜ

まとめ　蒸発は液体の分子が表面から気体となって出てくることをいう．液体の蒸気圧は温度によって決まり，温度が高くなると指数関数的に大きくなる．気体の蒸気圧が大気圧と等しくなり，液体のどこからでも気体が泡となって出てくる現象を沸騰という．沸騰すると水は水蒸気となって空気中に飛び出すので水がなくなる．

17話　熱い油に水滴を落とすとなぜはねるか？

揚げ料理では，多量の油の中で食材を180℃程度の高温で加熱して調理する．食材を高温の油に投入すると，表面の水分が瞬間的に沸騰し蒸発するとともに，油に接した部分は短時間で蛋白質が熱変性し硬化する．食材の表面に硬い殻ができた状態となるので，表面のみがサクッとした食感となり内部は水分が保たれ，軟らかさが残る．

てんぷらを揚げようと油を加熱しているときに水滴を落とすと，ジュッと音がしてはねる．熱い油に落とした水滴はなぜはねるのだろうか？　これも水の姿の変化がもたらす問題といえる．

水滴が油の中に落ちるとどうなるだろうか．油の温度が100℃より低いと**図18**（概念図）のようである．**図18**を概念図と書いたのは，実際にはこのような静止した形状が現れるのではなく，過渡的にこの形状に近い形が現れると考えられるからである．水の密度（1.0 g/cm^3）が油の密度（0.8 g/cm^3）よりも大きいので水滴は下に沈もうとするが，表面張力が働いて水滴が球形になろうとする．

さらに油の温度が180℃くらいだとどうなるだろうか．水滴は密度が大きいので下に沈もうとするが，温度が高いので下に沈む途中で周囲の油から熱をもらって急激に温度が上がる．油との境界近くの水の温度上昇が速く，100℃になり，沸

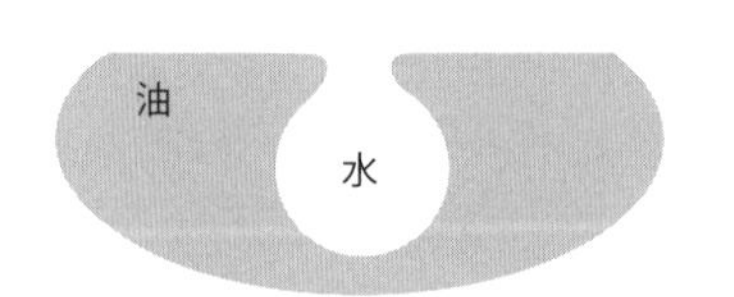

図18　油中に水滴が落下するときの概念図

図19　天ぷら油に水滴が落下するとはねる

騰が始まる．水滴は密度が大きいので下に沈もうとするので，油との境界の面積が増え，さらに熱をもらうことになる．このように油から水滴へと熱が急速に移動するので急激に沸騰する．

ところで，沸騰するということは，液体が気体になるということである．そうすると，体積が何倍になるだろうか？　15 ℃ の水が 100 ℃ の水蒸気になったとすると，体積が約 1 600 倍になる．油の中で体積が 1 600 倍になろうとすると，まわりの油をおしのけて水蒸気が急速に膨張することになる．水蒸気が膨張すると油をおしのけるが，空いている空間は上方にしかない．それで，沸騰によって生じた水蒸気が油を巻き込 んで上方にはねることになる．

水蒸気が油を巻き込んで上方にはねるときに，ジュッと音がする．音は空気の疎密波が空気中を伝播して私たちの耳の鼓膜に達することにより感じられる．ジュッという音の原因は水滴が急激に沸騰して水蒸気が膨張する際に発生する空気の疎密波である．そのときの音の大きさは膨張の大きさと速度による．膨張の大きさと速度が大きいと水蒸気が周りの空気の疎密の程度を大きくして，大きな音になる．

ⓜⓔⓜ

まとめ　高温の油の中に落ちた水滴は，油よりも密度が大きいので下に沈もうとする中で油から熱をもらい，やがて 100℃の液体になる．液体の水がさらに熱をもらって沸騰すると，体積が約 1 600 倍になり急膨張するために，油を巻き込んではねる．そのときに，ジュッと音がするのは水滴が急激に沸騰して水蒸気が膨張する際に発生する空気の疎密波による．

コラム

水の状態変化

水は固体（氷），液体（水），気体（水蒸気）の3つの状態をとる．水の3つの状態の変化をみるには「状態図」が役立つ．水の状態図とは，温度と圧力を変化させたときに，3つの状態がどのように変化するかを示したグラフで，**図20**に示す．

図20で，固，液，気と示したのは，それぞれ固体（氷），液体（水），気体（水蒸気）が存在する範囲を示している．それらの境界線A，B，C上では互いに隣り合う2つの状態が共存する．たとえば，1気圧のもとで，温度を上げていくと，はじめ氷であったものが，P点（0℃）で氷と水が共存する．この点が融点である．ここを過ぎると完全に（液体の）水になり，さらに温度を上げるとQ点（100℃）で，水と1気圧の水蒸気が共存する．この点は1気圧での水の沸点である．

温度が0.01℃，圧力が0.006気圧の点ではA線，B線，C線の3つが交わる．この点Tでは氷と水と水蒸気の3つの状態が平衡して共存し，水の三重点という．C線を境にして氷が直接水蒸気になり（昇華），また水蒸気が直接氷として凝結する．K点を臨界点と呼ぶ．この温度と圧力以上では液体と気体の区別がつかない状態となる．

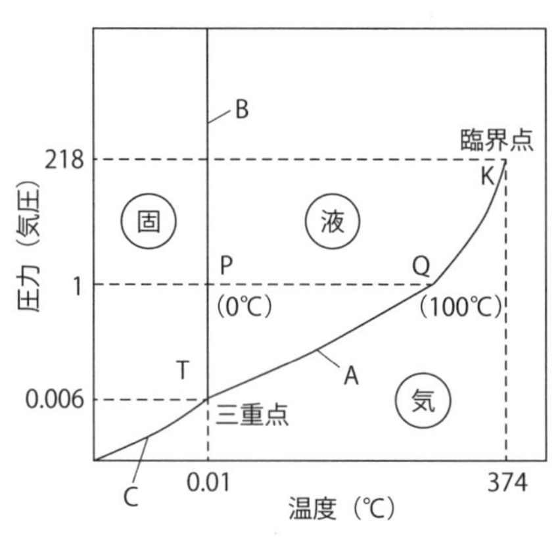

図20　水の状態図

第4章 空に浮かぶ水滴

空を見上げると雲が浮かんでいる．私たちは雲が雨となって降ることを知っている．しかし，雲には雨となって落ちてくるものもあれば落ちないものもある．雲は何からできているか，白い雲と黒い雲，雲と霧，暖かい雨と冷たい雨，それぞれ何が違うかを考える．

18話　雲は何からできているか？

空に浮かぶ白い雲．雲が空に浮かぶのは当たり前のように思っているが，改めて「雲は何からできているか？」と問うと答えは意外とむずかしい．ある人は，「雲は空に浮かんでいるから気体のはずだよ．水蒸気からできているじゃないかな．」と答えるかもしれない．しかし，「水蒸気は見えないから違う．雲は白く見えるから水滴だ.」と答える人が出てくる．「それじゃ，水滴と空気の密度を比べたらどうなの？」と問うと，「そりゃ水滴のほうが大きいに決まっている．すると水滴は重いから落ちてくるはずだが雲は空に浮かんでいる．おかしいな.」といって首をひねることになる．

問題はそれだけではない．「雲はどの程度高い空にあるか？　そこでの温度はどれくらいか？」という問うと「雲は低い空から積乱雲の場合は 10 km の高いところまで伸びている．温度は地上の温度よりは低くて，最低－ 50 ℃ くらいまで」という答えがくる．では，そういう低い温度のところでは水滴が存在できる？」と問うと，「上空の高いところでは雲は氷の粒からできている」ことを考える必要が生ずる．

気体説では，雲が空気中に浮かんでいることは説明できるが，水蒸気が白く見えることは説明できない．一方，液体説や固体説では，雲が白く見えることは説明で

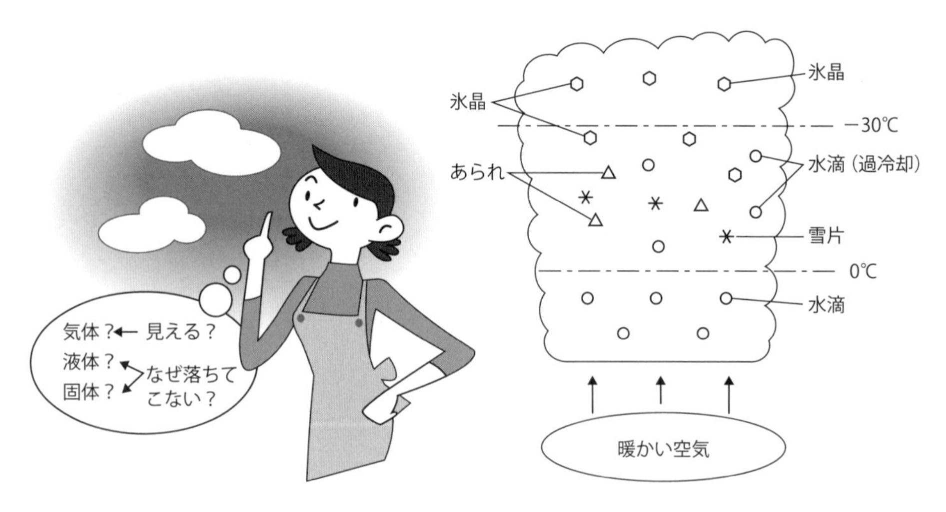

図 21　雲は何からできているのだろう　　**図 22**　雲の内部の様子

きるが，水や氷がなぜ空気中に浮かんでいられるのか説明する必要が生じる．

そこで，第 2 章の **11 話**での「お湯を沸かしたとき湯気が白いく見えるのはなぜか」を思い出そう．白い湯気は，水蒸気と水滴と空気が混ざっていて，湯気には水滴があるから白く見えて，湯気は暖かくて周りの空気より軽いから上がるという説明であった．雲も同じだと考えてよい．

雲の内部の様子を**図 22** に示した．雲は，水滴と氷晶（氷の粒）などの固体成分，水蒸気，空気からできている．人が雲として見ているのは水滴や氷晶などで，それらの表面で光が反射するために白く見える．もし，単位体積当たりの水滴や氷晶などの数が多いと，光は雲の中で反射を繰り返し地上まで届かなくなる．地上に届かない光は私たちの眼には黒く見える．雲の外側の光だけが地上に届くので私たちは黒い雲の輪郭を見ている．もし，単位体積当たりの水滴や氷晶などの数が中程度だと，一部の光だけが地上に届くので雲は灰色に見える．雲の中の水滴や氷晶などは空気より密度が大きいから落ちようとするが，空気には粘性があるから水滴や氷晶などは水蒸気やまわりの空気の動きに引きずられて浮かんでいる．あるいは，一部の水滴や氷晶などは下に落ちてくるが，地上付近では暖かい空気による上昇気流があると，また雲の中に戻される．また，水滴は乾燥空気に触れると蒸発して消えてしまう．晴れた日に浮かぶ積雲（わた雲）などは消える確率が高い．

㋮㋣㋱　雲は，水滴，氷の粒，水蒸気，空気からできている．人が雲として見ているのは水滴や氷の粒で，それらの表面で光が反射するために白く見える．雲の中の固体，液体成分は落ちようとするが，空気には粘性があるからまわりの空気の動きに引きずられて浮かんでいられる．一部の水滴や氷の粒は下に落ちるが，地上付近の上昇気流で雲の中に戻される．

19話　雲はどうしてできるか？

雲は水蒸気，水滴，氷の粒と空気からできていて，空に浮かんでいられることは分ったとしても，雲はどうしてできるのか疑問が残る．

雲ができるもともとの原因は太陽で，太陽からの光を受けて海や地表にある水が暖められて水蒸気になることが雲ができる発端である．第2章で述べたように，水はその温度によって決まる蒸気圧を持っている．温度が高くなれば蒸気圧が高くなり，空気中の水蒸気量が多くなる．海の水からの水蒸気も陸上の水からの水蒸気も同じ水の分子であって，海水の塩の成分はほとんど混じることはない．これは，自然の蒸留作用といってよい．

蒸発した水蒸気は暖かくて軽いので，上昇して雲の水滴になる．ここで，「どうして暖かい水蒸気を含む空気が雲の水滴になるのだろう？」と疑問に思う人がいるかも知れない．それに対して，「上空のほうが温度が低いから水蒸気が冷やされる」と考える人もいるだろう．それも理由の1つだが，水蒸気が水滴になるにはもう1つ大きい理由がある．私たちは，熱い味噌汁を飲むとき，それから手がかじかんで冷たいときにどうするだろうか？　熱い味噌汁を飲むときはふーっと吹いて冷ましてから飲むし，手がかじかんで冷たいときは，はーと息を吹きかけて温める．はーとゆるやかに息を吹きかけると口の中の温かい空気がそのまま手に当たるが，ふーっと口をすぼめて息を勢いよく熱いものに吹きかけると温度が下がる．このように気体が膨張すると温度が下がる．これを断熱膨張という．それで，水蒸気を含む空気が上昇するときに膨張して冷えるので，水滴になる．

でも実際には，簡単に水滴ができるわけではない．かなり温度が下がっても水滴がなかなかできなくて，第2章で述べたように露点以下の温度になっても水蒸気のままでいることが多い．こういう現象を過飽和という．どうしたら過飽和でなくなるのだろうか？　空気中にはエアロゾルと呼ばれる微粒子がたくさん存在し，過飽和の水蒸気が水滴に変わるきっかけとなる．エアロゾルは，固体の粉塵，煙（有機物の不完全燃焼物），ミストと呼ばれる微小な液滴粒子から成る．その中で，植物プランクトンから空気中に放出された硫化ジメチルが変化した硫酸が最近注目されている．硫酸を含む微粒子は宇宙線によってイオン化され，水蒸気を取り込みやすくなり，水滴の核生成が起こり，水滴ができる．また，別の水滴にぶつかっても過飽和の水蒸気が水滴に変わる．

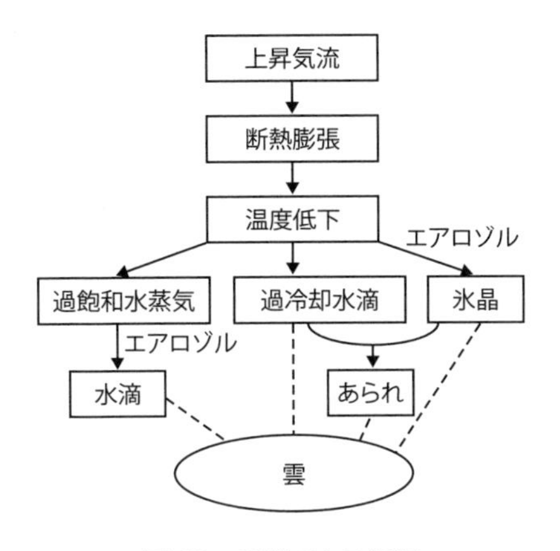

図23　雲ができる過程

また，氷の粒も0℃くらいではなかなかできない．−30℃くらいまでは過冷却の水で存在することが多い．それは氷の結晶構造を作るためには，分子を並べ替える必要があるために氷になりにくいためである．上空の下層の雲では0℃以上の水滴からなり，中層の雲では0℃から−30℃の温度で過冷却の水滴と氷の粒（氷晶，あられ，ひょう）との混合，上層の雲では−30℃以下の温度で氷の粒（氷晶）からなっていることが多い．

このような雲のできる過程を**図23**に示す．雲の中は結構複雑だが，構成が複雑なだけでなく，雲の中で運動が起きている．水滴や氷の粒は空気より密度が大きいので落ちてくるが，水滴や氷の粒が小さいうちは空気の粘性抵抗により落下速度が非常に小さい．そして，下から暖かい空気と水蒸気などによる上昇気流があるとまた上に押し戻される．上昇気流が強いと気体の断熱膨張により冷え方が大きいので，水蒸気が水滴や氷の粒となる．また，水滴が乾燥空気に触れると蒸発して雲が消えてしまう．こういうことが雲の中で繰り返し起こっているが，雲はただ空に浮かんでいるように見える．

ⓜⓣⓜ（まとめ）　太陽光を受けて海や地表の水が蒸発し，それが上昇して雲ができる．上空に行くほど気温が低く，空気が上昇するときに断熱膨張によって冷えて，水滴や氷の粒になり雲となる．下層の雲では0℃以上の水滴，中層の雲では0℃から−30℃で，過冷却の水滴と氷の粒との混合，上層の雲では−30℃以下で，氷の粒からなっていることが多い．

20話　雨はどうして降ってくるか？

雲の中には雨になる雲と雨にならない雲がある．それは雲粒がどの程度成長するかにかかっている．

雲ができたてのときの雲粒の大きさは，半径 0.001 ～ 0.02 mm である．これに対し，雨粒の平均的な大きさは半径 1 mm である．雲粒の代表的な大きさを半径 0.01 mm とし雨粒の大きさを半径 1 mm とすると，半径で 100 倍だが体積では 100 万倍となる．そのため雲粒ができたとしても平均で 100 万個集めなければ雨にはならないことになる．これには非常に長い時間がかかり実際には実現しない．雨として地上に落ちてくるまでに雲粒が成長するためには，一斉の成長ではなく独占的な成長の仕組みが必要である．

独占的な成長の仕組みの 1 つがエアロゾル粒子のうちの海塩粒子や硫酸などの液滴粒子の働きである．Na^{+}, Cl^{-}, SO_4^{2-} などのイオンは水蒸気を取り込みやすく，一度取り込むと水分子は蒸発しにくくなる．その理由は，水分子は水素原子がややプラスに酸素原子がややマイナスに分極しているために，イオンが水分子を引きつける力が強いからである．この効果によって，雲の中にイオンを含む粒子と含まない粒子があると，イオンを含む粒子のほうが速く成長し大きくなる．いったん大きくなると半径の大きな粒子ほど単位体積当たりの表面積が小さく蒸発する分子の割合が小さく成長により有利になる．

独占的な成長の仕組みの 2 つ目が海上で降る雨の海塩粒子の寄与である．海上では波しぶきが空中で乾いてできた海塩粒子がたくさんある．海塩粒子はほかのエアロゾルと比較して数倍以上大きく，吸湿性があるので水蒸気を取り込んで大きな雲粒になる．

独占的な成長の仕組みの 3 つ目が衝突併合過程と呼ばれるものである．これは雲粒の落下速度の違いによる．雲粒の大きさが半径 0.02 mm 以上になると水滴同士の衝突により成長する．大きい雲粒は小さい雲粒よりも落下速度が大きくなり，下方にある雲粒に衝突し合体して大きくなる．衝突併合による成長は粒径が大きいほど速いため，加速的に成長が進む．雨が降る過程を**図 24** に示す．

雲ができると雨になるかどうかは，雲の中の水滴の半径の大きさと上昇気流の程度による．水滴が落下する力は重力によるもので，水滴の半径の 3 乗に比例する．一方，水滴が落下しようとするときに受ける空気抵抗は水滴の表面積に比例するの

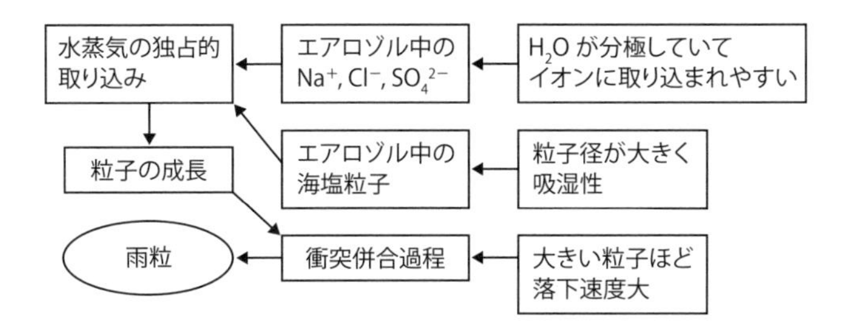

図 24　雨が降る過程

表 4　雨粒の大きさと落下速度

雨粒の半径（mm）	0.01	0.1	1	2	3
落下速度（m/s）	0.01	0.7	7	9	9

で，水滴の半径の 2 乗に比例する．結果として水滴の半径が大きいほど雨となって落下しやすくなる．

雨粒の大きさと落下速度の関係を**表 4** にまとめた．半径が 2 mm 以上では空気抵抗が大きくなり落下速度はあまり変わらない．半径 3.5 mm（直径 7 mm）以上では，途中で壊れるためそれ以上の大きさにはなりにくい．

雨粒の大きさは上昇気流と上空の寒気の程度によって決まる．暖気流と寒気流がぶつかったときに，その温度差が大きいほど暖気流の中の湿気が多く雨粒が大きく発達する．雨粒の形は，雨粒が半径 1 mm より小さい場合は，表面張力のためにほぼ球形をしている．雨粒が半径 2 mm より大きい場合は下のほうから空気抵抗が働くので，下のほうが偏平なまんじゅうのような形をしている．

㋮㋣㋱　雲粒の大きさは半径 0.01 mm 程度だが，その数が多いと海塩粒子の働きや氷晶過程と呼ばれる機構で粒径が大きくなり，水滴や氷の粒同士が衝突併合して成長して雨となる．雨粒の大きさは半径が 0.1 から 3 mm 程度で，半径が 1 mm より小さい場合は球形，2 mm 以上では下が扁平なまんじゅうのような形である．

21話　暖かい雨と冷たい雨は何が違うか？

雨には暖かい雨と冷たい雨とがある．上空の気温が0℃程度までしか下がらないところで雲粒が成長し，それが地上に落ちてくる場合には，暖かい雨という．暖かい雨の場合，海塩粒子や衝突併合過程による雲粒の独占的な成長の仕組みが働いている．暖かい雨は南洋など低緯度の地方で多く降る．気温が高く上昇気流が強いのでその中で雲粒が成長して大きな雨粒となる．南洋のスコールと呼ばれる雨がその典型である．

一方，氷晶が成長して上空で雪やあられの結晶となり落下の過程で溶けて雨となる場合は冷たい雨という．日本で降る雨の多くは冷たい雨である．上空の高い場所ほど温度が低く，－40℃以下では氷の結晶が形成され，これが結晶の種となり周りにある水蒸気を取り込んで成長する．

冷たい雨でも氷晶の独占的な結晶成長が起こらないと雨として降ってこない．氷晶の場合にはエアロゾルの中にある土壌粒子が氷晶核となる場合に独占的な結晶成長が起こる．例えば粘土粒子や火山灰の粒子が結晶性であるために過冷却水滴を取り込んで氷の結晶を作る．土壌粒子の結晶構造が氷に似ているほど氷の結晶ができやすくなる．氷晶は周囲にある水蒸気を取り込んで昇華凝結し成長する．成長した氷晶同士が合体すると雪片になる．

氷晶の独占的な成長のもう一つの機構は，過冷却の水滴と氷晶とが存在している場合の昇華凝結の仕方にある．飽和水蒸気圧は温度によって決まるが，－10℃では氷の場合は2.60 hPaで過冷却水では2.86 hPaと差がある．これは氷のほうが過冷却水に比べて分子間力が大きく分子が蒸発しにくいためである．過冷却の水滴と氷晶とが共存していて温度が－10℃だとすると，水蒸気圧は2.60 hPaと2.86 hPaの中間の値になっている．そうすると，氷晶のほうでは水蒸気が過飽和になっているのに，過冷却水滴では水蒸気が飽和していないので蒸発が進む．その結果，過冷却水滴のサイズが小さくなり，氷晶のほうは昇華凝結が進む．このような氷晶の独占的な成長の過程を氷晶過程と呼ぶ．－15～－10℃の温度領域が氷晶過程による独占的な結晶成長が起こりやすい．

氷晶過程によって結晶が大きく成長すると過冷却水滴と衝突した際に水滴を取り込んで結晶がさらに大きくなる．氷晶は成長過程で氷晶同士が合体して雪片になるものと，以下に述べるあられやひょうになるものとがある．

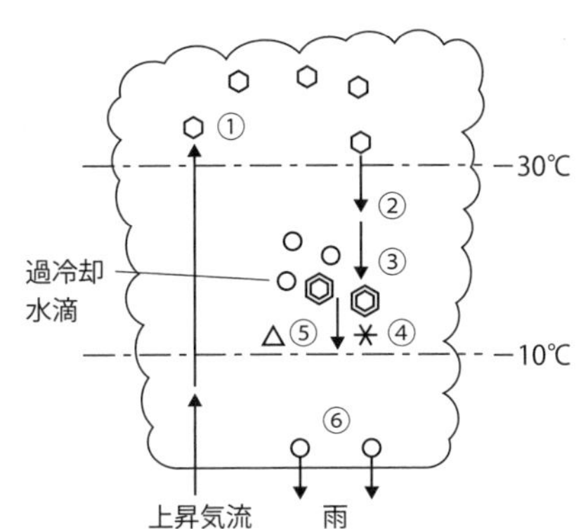

図25　冷たい雨が降る仕組み［古川武彦，大木勇人，気象学入門，講談社ブルーバックス，2011，p.76を参考に作成］

図25は冷たい雨の降る過程を示している．上昇気流によって上層で生じた氷晶はそのうちゆっくり降下しはじめる．氷晶過程で大きくなった氷晶は落下速度が大きくなり過冷却水滴に衝突する頻度が大きくなる．衝突すると過冷却水滴は一瞬のうちに凍りつく．このようにして氷晶は多数の過冷却水滴を取り込みながら粒のサイズが大きくなる．粒の直径が5 mm以下の場合はあられ，5 mm以上の場合はひょうと呼ばれる．大気の条件によってはあられやひょうはそのまま地上に落ちてくるが，地上付近の気温が高い場合などは溶けて冷たい雨となる．

㋮㋣㋱　上空の氷の粒が落下途中で暖められて降ってくる雨を冷たい雨，上空の気温が0℃程度で水滴になる雨を暖かい雨という．暖かい雨は南洋のスコールがその典型である．氷晶が成長過程で氷晶同士が合体してできた雪片や，あられやひょうが落下途中で解けて冷たい雨となる．日本で降る雨の多くは冷たい雨である．

22話　霧はどうしてできるか？

霧は雲の発生と同様に考えることができる．大気中に浮かんでいて，地面に接していないものを雲と呼び，それが地面に接しているものを霧と呼ぶ．霧によって視界が 10 m 以下になると，景色が見えなくなるだけでなく交通の障害になったりする．

霧と同様な現象で靄（もや）と呼ばれるものがある．霧と靄の違いは，視程の程度の違いで，気象観測においては視程が 1 km 未満のものを霧といい，1 km 以上 10 km 未満のものは靄と呼んで区別している．

晴れた日の夜は地面が暖まっているので熱を大気中に放射して冷えていく（放射冷却）．もし，空気が静止していれば地面にごく近い層だけが冷やされるが，空気の動きがある程度あると 100 m 以上まで冷やされる．そのとき，空気が湿っているか，または冷却が著しい場合は霧が発生しやすくなる．霧が発生する条件は，露点以下になるまで空気が冷やされることである．別の言葉で表現すると，霧が発生しているところでは湿度が 100 %ということになる．このような発生の仕方の霧を放射霧という．放射霧は盆地や谷沿いで発生しやすく，それぞれ盆地霧，谷霧という．

陸や海の表面が次第に冷えてきたところに湿気を含んだ空気が静かに流れてくるときも霧が発生する．このような発生の仕方の霧を移流霧という．暖流上の空気が移動して，夏の三陸沖から北海道の東海岸などに発生する海霧などがその代表的なもので，非常に長続きする霧で厚さが 600 m 程度に達することもある．

図 26　霧か靄か

また，暖かく湿った空気が冷たい空気と混ざって発生する霧を蒸気霧という．寒い日の朝に息が白くなることや風呂の湯気も原理は同じである．暖かい水面上に冷たい空気が入り，水面から発生した水蒸気が冷たい空気に冷やされて発生するもので，実際は冷たい空気が暖かい川や湖の上に移動した際に見られる．北海道などの川霧が代表的なものである．

ここで，霧が発生しているときの視界は何で決まるのかを考える．霧は半径 10 μm（0.01 mm）くらいの水滴からなる．水滴の半径が小さく，空気の単位体積当たりの水滴の重量が多いほど視界が悪くなる．濃霧注意報は，濃霧によって交通機関への障害が出ることが予測されるときに地元気象台から発令される．多くの地方では，視程が陸上で 100 m，海上で 500 m を下回る場合に出される．

空港などで霧のために飛行機の離着陸ができなくなるので，人工的に霧を晴れさせることもある．その方法には，ヘリコプターが起こす下降気流を利用して，霧の上の乾燥空気を霧の中に送り込む方法やプロパンガスを燃やして空気の温度を上げて霧を晴らす方法がある．しかし，費用がかかるので実際にはあまり行われていない．

霧により農業で生じる被害を霧害という．霧で日光が長期間遮断されることによって光合成が阻害されたり，温度低下によって農作物の生産量が減少する．日本では，岩手県三陸地方のやませや北海道太平洋岸の海霧による被害が代表例である．

㋮㋣㋱　晴れた日の夜に放射冷却が起こり，空気が湿っているか冷却が著しい場合は露点以下の温度になり，放射霧となる．冷えたところに湿気を含んだ空気が流れて発生する移流霧，暖かく湿った空気が冷たい空気と混ざって発生する蒸気霧もある．霧の中は湿度が 100%で，地上に発生した雲と考えてもいい．

23話　人工の雨はどうして降らせるか？

雨がとても少ない年は生活用水や農業用水が不足して給水制限が行われたりする．そういうときには人工の雨でも降らせられないものかと思う．人工の雨を降らせる実験はときどき報道されているが，人工の雨はどのように降らせるのだろうか？

その問いに答えるために雲粒と雨粒は大きさがどれくらい違うのか調べる必要がある．雲粒の代表的な大きさは半径 10 μm，つまり 0.01 mm なのに対し，雨粒の代表的な大きさは半径 1 mm である．雲粒に比べて雨粒は半径で 100 倍，体積では 100 万倍となっている．人工の雨を降らせるためには，雲粒が大きくなるようなことを考えればいいが，雲粒が大きくなるためには雲粒の数が増えなければならない．そのためには水蒸気を雲粒に変えるように工夫する必要がある．

人工の雨を降らせるために飛行機から薬品を撒くことが行われている．それは水蒸気を雲粒に変えようとしている．上空の水蒸気は過飽和になっていることが多い．露点以下の温度になっても水の表面張力が大きいため水滴がなかなかできない．そこで水滴の核がたくさんできやすくする薬品を撒くことが行われる．水滴の核ができやすくする薬品の 1 つにはドライアイスの粉末が使われる．あのケーキなどを長持ちさせるために用いられるものである．ドライアイスの温度は－ 79 ℃ くらいである．そこに水蒸気が飛んでくると，さすがに水蒸気のままでおれなくなって氷

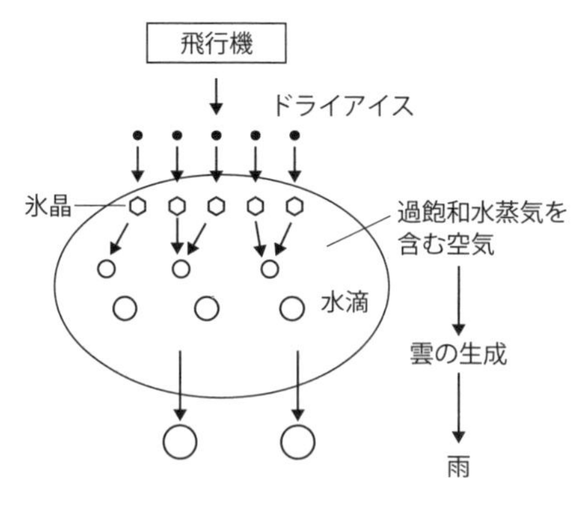

図 27　人工雨を降らせる原理

図 28　人工雨は期待できる？

の粒（氷晶）になる．この氷晶がたくさんできれば，やがて降下して合体し，冷たい雨 として落ちてくることを期待している．ほかにはヨウ化銀（AgI）という薬品の細かい粒が使われる．ヨウ化銀の結晶構造は六方晶形で氷の結晶構造と似ているので，これを空中散布すると，氷晶の核ができやすい．

そのような薬品で雨を降らせる効果はどうか疑問になるが，人工降雨の実験としては，ある程度の雨が降ったという例は世界でいくつかある．しかし，それが満足すべき効果かどうかとなると，評価が難しい．飛行機を飛ばしたり，薬品を用いたり，費用がかかるので，それだけの効果かないと実施をすることはできない．

日本では，1964 年夏に関東地方で記録的な水不足が起きた際，水源地付近で人工降雨が実施された．現在も多摩川水系の小河内ダムでこの設備が稼働できる状態にある．中国では，進行する砂漠化に伴う水不足対策のため，ヨウ化銀を搭載した小型移動式ロケットを打ち上げて，世界でも最大規模の人工降雨を行っている．また，2008 年 8 月 8 日の北京五輪の開会式で人工降雨が行われた．開会式会場付近の晴天を確保するため，雲を消散させる目的でヨウ化銀を含んだ小型ロケット 1104 発が市内 21 か所から発射された．効果は不明だが，当日は晴れだったため雲の消散に寄与した可能性もある．

ⓜⓣⓜ **まとめ**　人工の雨を降らせるためには，雲粒が大きくなるようにする必要があり，そのためには雲粒の数を増やす必要がある．ドライアイスや沃化銀の粉末を空中散布し，水蒸気から氷晶の核を作り，雲粒の数を増やすと衝突併合して雨になりやすい．人工降雨の実験はある程度成功しているが，費用に見合った効果があるとはなかなかいえない．

コラム

エアロゾルと水滴のサイズ

水滴が球形になるのは，水の集合が表面をつくるとき表面付近の分子が引っ張り合う相手がいないので不安定になり，表面張力が働くからである．表面張力は体積が一定の条件で表面積を最小限にしようとするために球形になる．ところが，空気がきれいだと水蒸気が露点以下の条件でも水滴はできない．不安定な表面をつくる水滴をつくるよりもバラバラに分子が存在する水蒸気のままのほうが相対的に安定だからである．実際に空気中で水滴が生成するのはエアロゾルという約 0.1 μm から 100 μm までの空気中に漂う固体または液体の微粒子の存在による．水に溶けやすいまたは吸湿性のエアロゾルがあると水蒸気が容易にエアロゾルに取り込まれて大きくなり水滴になる．半径 0.2 μm 程度の細かいエアロゾルでは凝結核ができやすいが，エアロゾルの空気中の密度が大きくないと雲粒ができにくい．海塩粒子など 10 μm 以上の大きさのエアロゾルでは空気中の密度が小さくても雲粒ができやすい．雲粒の空気中での密度が大きくなると粒が成長し雨粒になる．

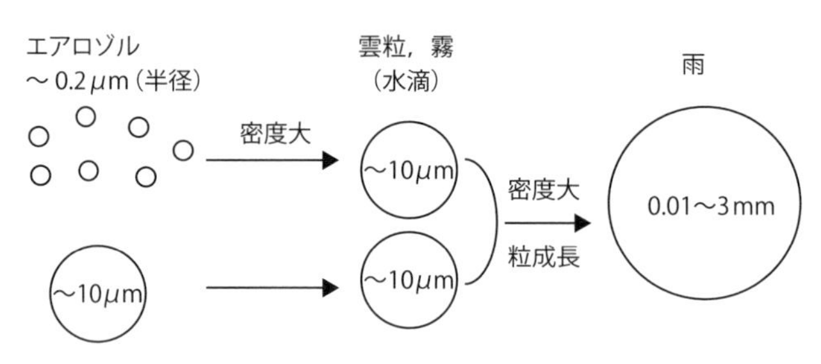

図 29　エアロゾルと水滴のサイズ

第5章
雪の姿の変化

上空での雪の結晶の成長は大自然のドラマである．あのふわっとした新雪は人工的には作るのが困難である．この章では，雪の降る過程，新雪としまり雪の違い，雪崩の起きる条件，雪道の運転，人工雪のつくり方について述べる．

24話　雪はどうして降ってくるか？

雪が降ってくる過程の概念図を**図30**に示す．上昇気流が中層まで吹き上げると水蒸気が冷えて過冷却水滴になる．しかし，－30℃程度の温度でもなかなか氷の結晶にならない．過冷却水滴から氷の結晶を作るには分子の全面的な並び替えが必要だからである．エアロゾルの中で，粘土鉱物の一種であるカオリナイトや火山灰などの粒子が比較的氷の構造に似ているので，氷晶核になりやすい．しかし，氷晶核ができても過冷却水滴に比べて数が非常に少ないのでなかなか大きくならない．上昇気流が強くて雲の中の上層にまで達すると，温度が－40℃以下で，過冷却水滴はすべて氷晶となる．氷晶はそのサイズが小さいのでゆっくり降下する．氷晶が雲の中層まで降りてくると，過冷却水滴や水蒸気が存在する．中層の温度が－10～－20℃の領域では氷晶と過冷却の水滴が共存するので，氷晶過程で氷晶のサイズが大きくなる．小さな氷晶は過冷却水滴やほかの氷晶とぶつかると壊れやすいが，大きい氷晶は壊れにくい．大きくなった氷晶同士がぶつかると，結晶成長して雪の結晶となる．雪の結晶は，落下の途中で過冷却水滴と水蒸気から水分を補給されて成長が加速し，雪として降ってくる．雪の結晶は，水分子 H_2O の H-O-H の結合角が120°に近いことから，六角形を基本とした形になる．雪の結晶は結晶成長するときの温度と水蒸気の過飽和度の条件によって形が決まる．－20℃以下では角柱，－10℃～－20℃では樹枝状，角板，扇形，0℃～－10℃では角柱や角板の形を取る．

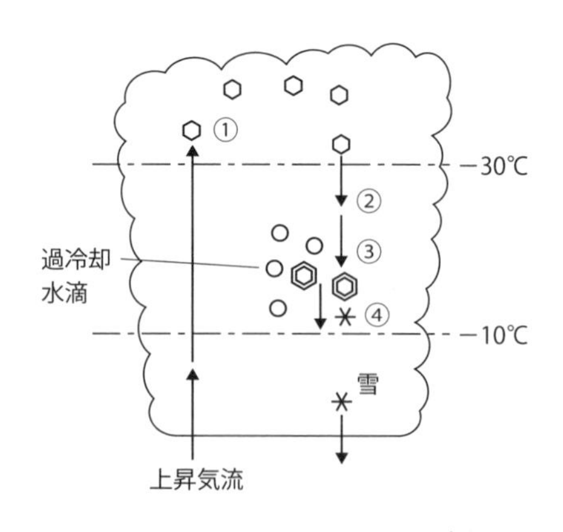

図30　雪が降る過程

雪の結晶の集まりが空気中を落ちてくるときに水滴に変わり冷たい雨となることもある．地表の気温が低いほど，また湿度が低いほど雪になりやすい．例えば湿度が 60 % のときは地表の気温が 4 ℃ 以下で雪になり，湿度が 50 % のときは地表の気温が 6 ℃ 以下で雪になる．地表の気温が 2 ℃ のときは，湿度が 75 % 以下の場合は雪，湿度が 95 % 以上の場合は雨，その中間の湿度ではみぞれとなる．

雲のてっぺんの高さを雲頂というが，雨雲の雲頂は日本では 5 km 以上のものがほとんどで中には 10 km を超えるものがある．一方，雪雲の雲頂は 3 km 程度のものが多い．3 km 程度というと高い山と同程度なので雪雲は障害物にぶつかる確率が高く，地形の影響を受けやすい．もう一つは雨に比べて雪は平均密度が小さく落下速度が雨の 1/10 程度である．したがって，雪は風に運ばれやすい．雨の場合には，雲のほぼ真下に降るが，雪の場合には風の淀みや収まったところに積もりやすい．さらに，雪の落下速度が雨の 1/10 程度であることから，雨の場合には集中豪雨による洪水が心配だが，雪の場合には降雪がどのくらい続いて積雪がどの程度になるかの予測が重要になる．

日本の冬では大陸で発生した冷たい高気圧が西にあり，東のほうは海で比較的に暖かいため低気圧ができやすく，いわゆる西高東低の気圧配置が多い．西からの冷たい空気が日本海を渡ってくるときに湿気をたっぷり含んで雲となり，日本列島の山岳地帯にぶつかると雪になる．山にぶつかることによって，雲の中の過冷却水滴が氷の結晶を作るきっかけとなるからである．一方，雪を降らせた空気は太平洋側にくるが，乾燥しているのでもう雪にはならならない．

ⓜⓐⓣⓞⓜⓔ

まとめ　氷晶は－40℃ 程度で生成するが，雲の中層で氷晶過程によって大きくなる．大きい氷晶は合体して成長し雪の結晶になる．雪の結晶は落下の途中で過冷却水滴と水蒸気から水分を補給されて成長が加速し，雪として降る．雪雲の高さは 3 km 程度のものが多く，山などの障害物があると雪になりやすい．雪の落下速度が雨よりかなり遅く，風に運ばれやすい．

25話 新雪はふわっとしているのに，たまった雪は固くて重いのはなぜか？

雪はおかれた条件によってその形がずいぶん変化する．例えば，新雪はふわっとしているのに，たまった雪は固くて重くなる．新雪の結晶を拡大鏡（ルーペ）で見たことがある人もいると思われる．**図31**（a）に示したように，新雪の結晶は樹枝状六花，広幅六花，など六角形のものが多く見られる．六角形のものが多い理由については，**図3**で示した氷の結晶構造のように，結晶成長が120°の方向に起こりやすいからである．**図3**では，分子の大きさが見えるサイズで，全体が1 nmくらいなのに，**図31**では結晶のサイズが約1 mmだから100万倍程度大きいサイズであることに注意する必要がある．新雪の結晶の形は，水蒸気が凝固して成長するときの温度や水蒸気の密度などによって決まる．新雪がふわっとしているのは，例えば樹枝状結晶の枝と枝とで支えあって空隙が非常に大きい形状をしているためである．密度が0.01 ～ 0.1 g/cm^{3}と90 %以上が空気でできている計算になる．

それでは積もった雪はどうして固くて重いのだろうか？　新雪は押し潰さなくても自然に少しずつ固くなっていく．積もった雪は固くてしまっているのでしまり雪という．しまり雪は顕微鏡で見ると**図31**（b）のように0.5 mm程度の大きさの丸みをおびた粒からできている．

焼き物の場合には，粘土みたいな粉を練り合わせたものの形を整えてかまどで焼くと固まる．このように焼いて固めることを焼結という．焼結では粉と粉が接しているところで原子が移動して接触面積が減っていく．焼き物では1 μm程度の粉と

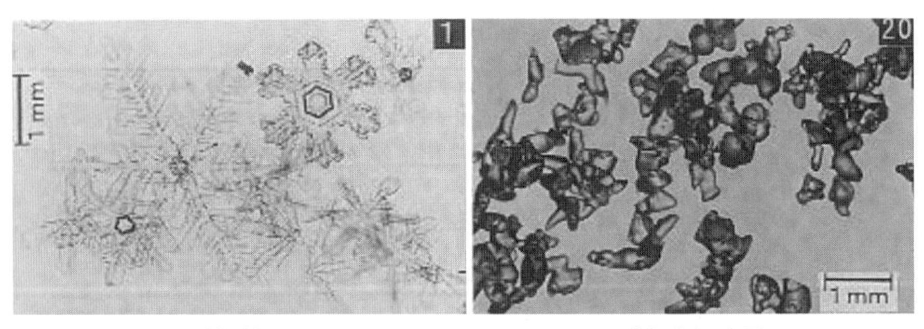

(a) 新雪　　(b) 積もった雪

図31　新雪と積もった雪の写真［出典：日本雪氷学会，積雪・雪崩分類，1998］

粉が合体して大きな粒になっていく．これは，表面エネルギーと関係がある現象である．物質は表面が不安定なので表面積をなるべく減らそうとする．小さな粒がたくさんあると全体の表面積が大きくなって不安定なので，温度を上げると粉と粉が合体して大きな粒になる．小さな粒の集合では，粒と粒を結び付ける力が小さいので固さは小さいが，焼結して粒が大きくなると固くなる．セラミックスの焼き物を顕微鏡で見ると**図 31**（b）と同じような形をしている．焼結は焼き物の融点よりも少し低い温度（例えば 1 200 ℃）で起こる．その温度であれば原子が十分運動できるエネルギーを持っている．

氷の結晶にとっては－ 5℃ 程度は融点よりも少しだけ低い温度なので，分子運動が活発で焼結が起こる．つまり，たまった雪が固いのは，雪の小さい結晶同士が少しずつ合体して大きな粒になった結果である．降り積もった雪の下のほうでは，雪の重みも加わって空隙をつぶし，こうした合体が起こりやすくなる．焼結では，直接分子が表面や内部から拡散する動きもあるが，分子が固体から蒸発して遠い位置にある固体に取り込まれる昇華凝固という機構も寄与する．

いずれにしても雪の内部では－ 20 ～ 0 ℃ の温度条件であることが多く，この温度では分子が十分動きやすく，焼結による固化が起こりやすい条件といえる．しまり雪では密度が 0.15 ～ 0.4 g/cm^3 と新雪に比べてかなり大きくなる．

ⓜⓣⓜ

㋮㋣㋱　新雪は，結晶の形が樹枝状に成長し，その枝と枝とで支えあっているので空隙が非常に大きく，ふわっとしている．たまった雪は，小さい結晶同士が表面エネルギーを減らそうとして分子の動きによって合体して大きな粒になる焼結という現象で固くなる．さらに，蒸発した分子が遠くの固体に取り込まれる昇華凝固によって焼結がより進行する．

26話　雪崩はどうして起こるか？

降ってくる雪でも状態がいろいろ違う．北海道の雪がさらさらしているのに対し，北陸の雪は湿っぽくて重いのが普通である．それは，雪が降るときの地上から上空にかけての気温が十分低くないためである．湿っぽい雪の典型はぼたん雪である．ぼたん雪は０℃の状態，すなわち氷の結晶と水とが混合したものである．一方，さらさらの雪では温度が０℃より低く，氷の粒だけからできている．固体の粒同士では，粒と粒を結び付ける力が小さい．

雪崩は雪山で起こる遭難の重大な原因の１つである．雪崩は山の斜面に積もった雪が重力によって斜面に沿って落ちようとして起こる．もちろん斜面に雪が積もっただけでは雪崩は起きない．雪が滑り落ちるのを押し止めようとする力も働いているからである．押し止めようとする力には雪と地面や樹木の間に働く摩擦力，雪の粒どうしに働く引力などがある．さらさらの雪では雪の粒どうしに働く引力が小さいため雪崩が起こりやすいが，ぼたん雪だと雪の粒どうしに働く引力が大きいため雪崩が起こりにくくなる．

斜面に沿って落ちようとする力が雪崩の原因だとしたら，斜面が急なほど雪崩が起きやすいと考えるかも知れない．ところが斜面が急過ぎると，雪が少し積もっただけですぐずり落ちてしまい，雪崩にはなりにくい．平坦過ぎるところでも雪崩は起きないので，雪崩が起きやすい斜度は35～45°ということになる．

ところで，雪がよく降っているときと止んでいるときのどちらが雪崩が起きやすいだろうか？　雪が止んでいるときは前に述べた焼結が起こり，雪の小片どうしがくっつき合う時間の余裕がある．そうすると雪崩を引き留める力が増すことになる．雪崩が起きやすいのは降雪が激しく起こっているときか，気温が高くなって雪解けが起こるときのいずれかということになる．

厳冬期の急激な気温の変化は積雪内部に大きな温度差を生じさせる．これはしもざらめ雪と呼ばれる弱層が形成されることが多くなる．また，一度に大量の降雪があると，弱層の上に積もる雪に荷重が増す．急な斜面の場合弱層は支持力を失いやすくなり，雪崩が発生する危険が非常に高くなる．

雪崩にはどんな形があるのだろうか？　日本では，雪崩の発生が点か面か，雪質が乾雪か湿雪か，滑り面の位置が表層か全層（全体の層が滑る）かで分類している．雪崩の発生が点であれば範囲は限定されるが，面であれば広範囲で雪崩が起こるの

表 5　雪崩の起こりやすい条件

雪　質	さらさらの雪
場　所	斜度 35 ～ 45°，木やフェンスなど障害物のない場所
気象条件	雪が降りしきっているとき，気温が高い雪解けのとき

で被害に遭いやすくなる．表層雪崩の起こる確率は高いが，全層雪崩もある．

雪崩を予防したり，その破壊力を弱めるための方法がある．雪崩の予防には爆薬がよく用いられる．大きな雪崩が起きるのに十分な量の雪が積もる前に，爆薬によって小さな雪崩を起こす．防雪フェンスや軽い壁を立てて，雪の積もる場所を変える方法もある．雪はフェンスの風下には雪が溜まりにくくなる．これは，本来積もるはずであった雪がフェンスのところで積もってしまうためと，フェンスのところで雪を失った風によって元々あった雪が飛ばされる効果による．十分な密度の森林があれば，森林に降った雪は森林に留まるし，雪崩が起こった際には木々に当たって雪崩が減速される．スキー場建設の際に行われているように，植林したり森林を保存しておくことで雪崩の強度を弱めることができる．

雪崩に遭遇したら雪崩に対して横方向に逃げることが重要である．装備を捨てて雪崩の表面付近に浮かび上がれるように泳げとも言われるが，これは比較的小規模の流れ型雪崩の場合は有効だが，ある程度以上の規模の場合はそのような行為を行う余裕はない．雪崩が止まりそうになったら，呼吸のための空気を溜めておくための空間を口の周りに作るよう努め，また雪面の上に手・足・あるいは装備品などを突き出すように努める．止まってしまったら身体を動かすことが困難になる．

まとめ　雪崩は山の斜面に積もった雪が斜面に沿って落ちようとする力によって起こる．さらさらな雪だと雪の粒と粒との間の引力が小さいので雪崩が起きやすい．雪崩が起きやすい斜度は 35 ～ 45° である．雪崩が起きやすいのは降雪が激しく起こっているときか，気温が高くなって雪解けが起こるときのいずれかである．

27話　雪道の運転はなぜ危険か？

雪道での車の運転でよく事故になることがある．自動車はハンドル操作やブレーキ操作で，曲がりたいところで曲がり，止まりたいところで止まるようにする．これらの操作が車輪にまで伝わり，タイヤと路面との摩擦によってそれが実行されることが必要である．タイヤの摩擦係数は，通常の乾いた舗装道路では 0.7 ～ 0.8，濡れた路面では 0.4 ～ 0.5，車で踏み固められた雪の路面では 0.2 ～ 0.3，凍結すると 0.1 ～ 0.2 と小さくなる．

濡れた路面では，水の膜はできるが，タイヤが路面の凸部との接触によって摩擦を生じたり，水の膜厚が厚いため大きい摩擦を生じたりするために雪の路面よりは摩擦係数が大きい．車で踏み固められた雪の路面では，氷の表面がごく薄く溶けて，非常に薄い水の膜ができて，潤滑膜の働きをする．この場合，路面が固いほどタイヤが雪の面と接触する面積が小さくなり，摩擦が起こりにくくなる．摩擦係数が小さくなると，タイヤと路面との摩擦が小さくなり，ブレーキを踏んでも車が止まりにくくなる．さらに，ハンドルを操作してもタイヤがスリップしてしまい，タイヤが横を向いたまま車が動いている方向に進んでしまい事故につながることになる．

雪の多い地方ではスノータイヤが必須である．以前は雪道用タイヤとして，スパイク（釘）を打ち付けたスパイクタイヤが用いられていた．スパイクタイヤが滑り止めになる理由は，スパイクが雪道の氷を削りながら走るためである．ところが，スパイクが氷を削るだけでなく，舗装道路まで削るため粉塵が発生して環境問題や道路管理上の問題を発生したため販売と使用が禁止された．

そこで登場したのがスタッドレスタイヤである．**図 32** にスタッドレスタイヤの溝パターンの例を示す．スタッドレスとは釘や鋲のないタイヤという意味である．通常のタイヤでは，タイヤの溝に雪が入り込むため滑りやすいが，スタッドレスタイヤのトレッド（表面）には，普通のタイヤより深い溝がある．これは，積雪路で雪を溝が噛むようにして圧縮し，その「雪柱せん断力」によって駆動力を得るためである．また，接地面で溝に噛んだ雪はタイヤが回転する間に溝から剥がれ落ち，再度接地したときには，新たに雪を噛む動きをする．また，タイヤの表面パターンには数多くのサイプと呼ばれる切れ目が入っていて，雪を掃いて走る効果が出るので摩擦係数が大きくなる．また，タイヤのトレッドに微細な気泡を含んだゴムが開発された．この場合，タイヤが磨耗しても微細な気泡が必ず現われるため，凸凹が

図 32　スタッドレスタイヤの溝パターンの一例
［出典：フリー百科事典　ウィキペディア］

あるので潤滑作用のある水膜の形成を防いでいる．

スタッドレスタイヤを付けていれば安全かといえば，必ずしもそうではない．特に溝の深さが新品状態に比べて半分以下になった場合，雪を噛み込んでグリップすることが不十分となり，雪上用タイヤとして使えなくなると考えたほうがよい．

㋮㋣㋱　タイヤの摩擦係数は，通常の舗装道路では 0.4 ～ 0.8 だが，路面が雪で固められると，0.2 ～ 0.3，凍りつくと 0.1 ～ 0.2 になる．その場合ハンドルやブレーキ操作が十分にタイヤに伝わらなくなりスリップなどが起こりやすくなる．スタッドレスタイヤは，雪のタイヤの溝への入り込みや水膜の形成を防止し，道路との摩擦係数を大きくしている．

28話　人工の雪はどのように作るか？

最近雪が降っていないのに人工の雪でスキーのゲレンデを作ったり，夏でも人工の雪を使ったイベントを見かける．人工の雪はどのように作るのだろうか？

人工の雪の作り方は大別して2通りある．1つは，人工造雪機を使う方法で，もう1つは人工降雪機を使う方法である．

人工造雪機は，アイスクラッシュシステムと呼ばれるいわば巨大なかき氷製造機である．製氷機で大量の氷を作り，これらを細かく砕き，パイプを通してコースにためていく．早期オープンスキー場の多くは，このシステムを導入している．この方法では，造雪量に限度があり，コストがかかるのがネックである．雪質はザラメ雪になる．スキー場では，シーズン始めの1－2本分のコースをこのシステムで作ることが多いようである．気温が高くても造雪できることから夏季のイベントにも使える．

人工降雪機は，自然の雪が上空で形成される過程をまねたものである．自然の雪が発生するときには，低温の水蒸気から小さな氷片ができ，それが落下するときに周辺にある過冷却水滴が氷片を核にして氷の結晶に変化するのが重要なプロセスである．過冷却水滴は安定な状態ではなく，衝撃を与えたり核となる小さな氷片を投入したりすると，突然安定な氷に変化する．

人工降雪機も雪のできる過程を考慮し，過冷却水の性質を利用している．まず，圧縮空気と高圧水を用意し，内側に高圧水を外側に圧縮空気の出口を設けた2流体ノズルから噴霧する．すると，圧縮空気は瞬間的（断熱的）に膨張するので急速に温度が下がり瞬間的には－40℃程度にもなる．これを断熱膨張といい，ふーっと口をすぼめて息を勢いよく吹きかけると温度が下がる現象と同じである．一方，周囲にある水蒸気は温度が低いので（昇華）凝固して氷の小片となる．高圧で噴霧された水滴は冷やされて過冷却水滴となる．また水滴が非常に細かいのでそれが蒸発するときに周囲の熱を奪う効果も働いて温度が下がる．過冷却水滴は，氷の小片と出会った瞬間に凍って氷の結晶になる．この雲のようになった氷の結晶の1群がファンで1方向に送られて，その先にある1流体ノズルから噴霧された水滴と合体して凍結が進み，氷の結晶が成長して人工雪となる．人工降雪機は自然の雪に近いといえるが，気温が0℃以下でないと作れない．人工降雪機は気温の低い夜間に運転することが多いようである．**図33**には人工降雪機によって人工雪を降ら

図 33　人工降雪機で人工雪を降らせている様子
［出典：樫山工業（株）　ホームページ］

せている様子を示す．

人工雪は根雪としてスキー場のゲレンデの下地として使うものが大半である．シーズンオープン用にも使用するが，あまりよい雪質ではない．自然の雪は**図 31**（a）のように 6 角状の結晶が重なり合っているため柔らかいが，人工雪は**図 31**（b）のようなしまり雪に近いもので硬い．

㋮㋣㋱　人工造雪機は製氷機で大量の氷を作り細かく砕いてパイプを通して雪を降らせる．人工降雪機は，圧縮空気と高圧水を 2 流体ノズルから噴霧する．圧縮空気は瞬間的に膨張し低温となり氷片ができる．高圧水を噴霧した水滴は過冷却となり，氷の小片と出会った瞬間に凍って氷の結晶になる．これらがファンで 1 方向に送られ人工雪となる．

コラム

雪の結晶

雪の結晶にはさまざまな種類がある．いろいろな種類の角板と角柱があるが，いずれも六角形を基本にしたものである．これは氷の結晶構造が六方晶であることと関連している．**図 34** は氷の結晶の形とその生成条件を示している．横軸は温度で縦軸は水蒸気量である．縦軸のゼロは氷に対して飽和している水蒸気量を示し，図の中央にある曲線は過冷却水に飽和している水蒸気量を示している．特に－ 15 ℃付近では，水蒸気量のわずかな違いで雪の結晶形態が大きく変化することを示している．これは**図 30** で示したが，氷晶の独占的な成長過程である氷晶過程が起こるときの温度と水蒸気量が雪の結晶形態に決定的な影響を与えることを示している．

最近，**図 34** を利用して雪の降る条件を研究する試みがなされている．ある地区に雪が降った場合に，多くの人にスマートフォンで雪の結晶を撮影してもらってそのデータを集める．それらのデータを気象観測データから得られる上空の気温，水蒸気量などのデータとつきあわせる．また，いろんな場所や時間の違う結晶形態のデータから雪の降る過程を調べ，最終的には雪に関する予報につなげてゆくことが期待されている．

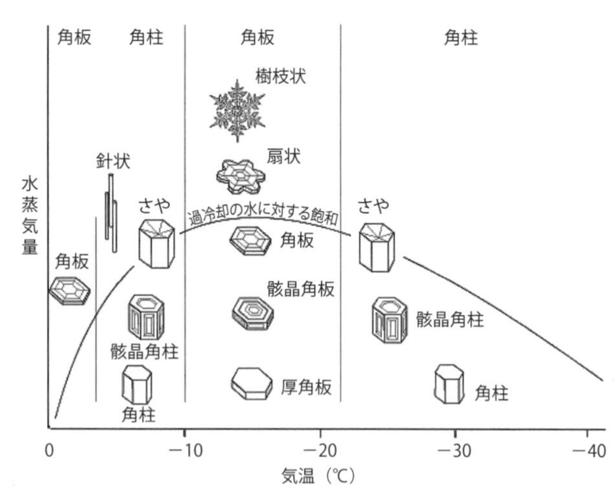

図 34　氷の結晶の形とその条件［Kobayashi, phil. Mag., 6, 1363, 1961 を参考に作成］（この図は中谷・小林ダイヤグラムと呼ばれる）

第6章
氷の姿の変化

氷は温度を上げれば溶けるが，圧力を加えても溶ける．
この章では，氷の上をスケートで滑れる理由，冷凍庫で作った氷の状態，ひょうが降る条件，湖が凍る過程，凍った湖で起こる不思議な現象について述べる．

29話 氷の周囲に紐を吊し重りをぶらさげると，紐が氷を通り抜ける手品とは？

氷を熱で溶かして水にすることができるが，圧力をかけて溶かすこともできる．氷に圧力をかけると溶け，圧力を緩めると氷に戻る性質を利用して復氷の手品が行われている．

氷，木枠，紐と重りを**図35**のように配置し，氷を木枠の上に載せて氷の周囲に紐を吊し，重りをぶらさげる．そうすると，紐が氷を切って氷の中を進んでいく．紐にぶらさげた重りで氷が切れたのに，上のほうを見ると切れた氷が元通り氷に戻る．これはどうして起こるのだろうか？

これは復氷の手品と言われている．氷に圧力をかけると水になりやすいが，圧力を戻すと元の氷になる．氷の密度が水の密度よりも小さいのは，**図3**で示したように氷のほうがすかすかの構造をしているからであった．氷に圧力をかけると圧力に押されて密度の大きい構造になろうとする．氷のすかすかの構造に圧力をかけると，すかすかの構造が壊れて，密度の大きい構造，つまり水の構造になる．その圧力を戻すと元の氷に戻るわけである．

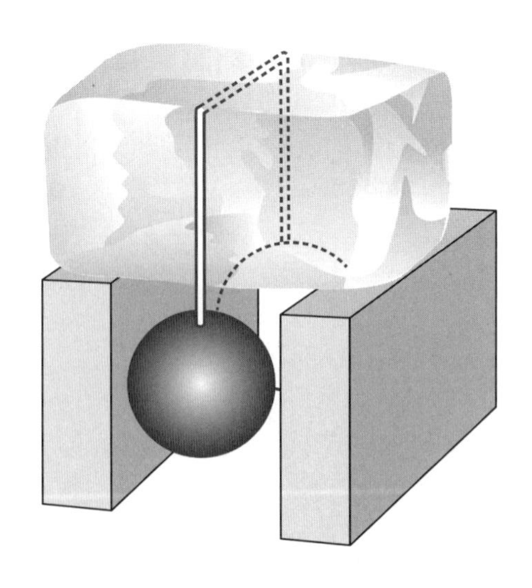

図35 氷に紐を吊し，両端に重りをぶらさげて氷を切る

でも氷を水にするにはエネルギーが要るが，そのエネルギーがどこからくるのだろうか？　たしかに氷を水にするには融解熱に相当するエネルギーが要る．ただ，この場合は熱を加えるのではなくて，紐の先端にかかる圧力である．その圧力の発生源は紐につるした重りによる重力である．重力のエネルギーで氷に圧力がかかり水に変化する．また，紐が下のほうに移動すると上部には圧力がかかっていないので水が氷に戻り，融解熱に相当するエネルギーが放出される．それで，紐が下まで通り過ぎても氷が切れることはない．

氷に圧力をかけると溶けて水となるのは分子動力学シミュレーションでも確かめることができる．**4 話**で述べたシミュレーションの方法（ほかの計算条件は常圧と同じ）を使って－ 3℃ の氷に 1 GPa の圧力を加えると氷が水に変化することを密度だけでなく，視覚的にも確認できる．

氷に，圧力を加えることによる融点の降下が 1 気圧（約 0.1 MPa）当たり 0.0075 ℃ であることが分かっている．また，氷に非常に大きい圧力を加えると水素結合の距離が縮んで行き，**図 3** に示したような歪んだ 6 角形の構造から相転移を起こして，その温度と圧力に応じた結晶構造に変化する．温度と圧力によって氷の構造が変わるが，その種類は 17 もあることが分かっている．氷の多形については，この章のコラムに述べる．

ⓜⓣⓜ まとめ　氷の周囲に紐を吊るし，重りをぶらさげると，紐が氷を切って氷の中を進み，切れた氷が元通りの氷に戻る．これは，氷に圧力をかけると密度の大きい水の構造になり，圧力を戻すと元の氷に戻るからである．氷を水にするための融解熱に相当するエネルギーは重りによる重力から得ている．

30 話　氷の上をスケートで滑らかに滑れるのはなぜか？

氷の上をスケートで滑れる理由として２つの説がある．簡単にいうと圧力説と摩擦説である．

はじめに，圧力説から述べる．氷の密度は 0.917 g/cm^3 で水の密度より小さい．その理由は，氷の構造が隙間の多いすかすかな構造をしているのに対し，水のほうは，自由に分子が動けるため，その隙間を埋めるように分子が入り緻密な構造になるからである．氷に圧力を加えると，0 ℃ 以下でも溶ける．それは，氷に圧力が加わると，より密度の大きい構造をとろうとして，より密度の大きい水の構造をとる，すなわち溶ける．スケートで氷の上を滑らかに滑ることができるのは，人間の体重によりスケートのエッジに加わる圧力で溶けた水が潤滑剤の働きをするからである．溶けた水の温度が 0 ℃ 以下であるために，圧力が取り去られると水は氷に戻るためスケートリンクは水浸しになることはない．これが圧力説である．

圧力説で氷が 0 ℃ 以下で溶けることは説明できるが，実際のスケートリンクでは－２～－３℃ くらいが最も滑りやすいと言われている．ところが計算してみるとこの温度では氷が溶けるとは考えにくい．スケートの底の幅を 1 mm，長さを 40 cm として体重 60 kg の人が片足で氷の上に立ったとすると，氷が受ける圧力は 1 平方 cm 当たり 15 kg，つまり約 15 気圧になる．氷に圧力を加えることによ

図 36　スケート靴のエッジと氷の間を支配している現象

る融点の降下が1気圧当たり0.0075℃なので15気圧での融点は－0.11℃ということになる．これでは，－2～－3℃くらいのスケートリンクで最も滑りやすいことは説明できない．

摩擦説では，スケートのエッジと氷との間に摩擦熱が発生し，それが氷を溶かして潤滑剤の働きをすると説明する．この説は，スキーで滑る原理を説明する理由として一般に受け入れられている．雪とスキー板との間の摩擦熱が原因で薄い水の膜ができ，潤滑剤の働きをするためにスキーで滑ることができると説明されている．スキーの板にワックスを塗るのは，水の膜を雪との接触面に保つためと，摩擦熱を吸収するためである．

摩擦説では秒速1～10mという速い速度の場合は分るとしても，遅い速度では説明できない．そこで遅い速度ではスケートの滑りは氷がスケートにかかる重力のためにクリープ変形することによって起こると説明している．

どちらかといえば摩擦熱説のほうが有力だと思われる．でも圧力の効果もある程度はあることは間違いない．実際には非常に複雑で，スケートの滑った跡をみると，リンクに跡（スプール）が観測される．これは，氷が破壊されていることを示している．スケートの滑りを本当に理解するためには氷の変形と破壊の機構を詳しく知る必要がありそうである．

㋮㋣㋱　圧力説では，氷に圧力を加えると0℃以下でも溶けてより密度の大きい水の構造をとり溶けた水が潤滑剤の働きをするからと説明される．摩擦説では，スケートのエッジと氷との間に摩擦熱が発生し，それが氷を溶かして潤滑剤の働きをするからと説明される．摩擦説のほうがどちらかというと有力であるが，氷の変形破壊作用の影響も考えられる．

31 話　スピードが出やすいスケート場の氷の条件は？

例えば，スピードスケートの競技の場合，スピードの出方はスケートリンクにすごく左右される．特に，冬季オリンピックとなると，大会関係者は氷の条件にすごく気を使っている．まず大切なのは氷の温度である．氷の温度は 1 気圧の条件では，－ 273 ℃から 0 ℃までの値をとる．どの温度がよいかを調べるため，スケートの上に箱を乗せて滑らせて距離を測る．スケートの滑りがよいほど箱は長い距離で止まる．氷の表面温度とその距離との関係を調べるが，天然スケート場と人工スケート場とでかなり違う．天然スケート場では－ 0.5 ℃，人工スケート場では－ 2 ℃で最も長い距離が出たそうである．

氷の上をスケートで滑れる理由は前話で述べたように圧力説にしろ摩擦説にしろ水の潤滑作用である．あまり氷の温度が低いと氷の表面に水ができにくくなり滑りが悪くなる．逆に，氷の温度が 0 ℃に近づくと，氷は柔らかくなりスケートは氷の中に深くめりこむし，スケートで蹴ると氷の表面が崩れてえぐられる．実際，人工スケート場で選手が一番滑りやすい氷の表面温度をテストしたら，－ 2 ～－ 3 ℃の間であったという．

天然スケート場では池や湖の水の表面に氷があるので氷の底の温度は 0 ℃である．それで，天然スケート場では氷の表面は冷たい空気にさらされているので 0 ℃より低く，人工スケート場では下から冷やすから逆に氷の底のほうが温度が低く表面で高くなっている．また，天然スケート場では外の気温がゆっくり下がって氷が遅い速度で形成されるのに対して，人工スケート場では比較的速い速度で氷が形成される．氷の結晶の成長速度が速いと，氷の結晶粒が小さくなり，気泡の量が多くなる．一般に氷は 1 つの結晶ではなく，多くの結晶粒が集まってできている．冷却速度の速い条件で氷が形成されると，氷の結晶核があちこちで発生し，結晶粒

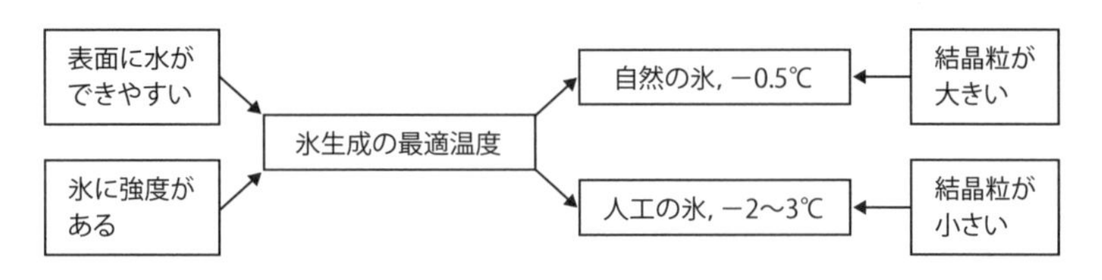

図 37　滑走しやすい氷の条件

と 結晶粒が隣り合う界面では化学結合が強くないのでゆるく結ばれることになる．それで，結晶粒が小さいと氷の強度が小さくなり，気泡の量が多くなって氷がもろくなる．スケートの滑りにはある程度の氷の固さが必要である．それで，人工スケート場ではより低い温度－２～－３℃にする必要がある．一方，天然スケート場では氷の結晶粒が大きく気泡が少ないので，氷は－0.5℃でも固さがあり滑りがよいものと考えられる．

周囲の気温がいつも変化するので人工スケート場の氷の表面温度を－２～－３℃の間に保つだけでもけっこう大変である．しかし，問題はそれだけではない．リンクの表面につく霜を除去する必要がある．人工スケート場では，氷の温度が空気の温度より低くなることが多いのでしばしば空気中の水蒸気が凝固して氷の表面に霜が発生する．こうなるとスケートの滑りが悪くなる．スケート場では，氷の表面を滑らかにするために，リンクに自動車を動かし，湯をたらしながら霜による柔らかい氷を溶かして雑巾でふきとる．この湯の中にエチレングリコールという物質を少し混ぜておけば氷が溶けやすくなって霜をふきとりやすくなる．エチレングリコールは自動車の不凍液にも使われる物質で，水の融点を下げる効果を持つ．

フィギュアスケートとスピードスケートでは要求される氷の硬軟の条件が違う．複雑に滑走の方向や種類を変えながら演技をするフィギュアスケートでは適度な軟らかさが求められるが，直線的な滑走で瞬間のスピードを競うスピードスケートでは硬い氷が求められる．いずれにしても，氷はなるべく純度の高い水を使うほうがよいと言われている．リンクによっては濾過装置を使って鉄分などの不純物を取り除いた水を使って氷を作っている．

㋮㋣㋱　滑りやすい氷の温度は，天然スケート場では－0.5℃，人工スケート場では－２℃程度である．氷には表面の水による潤滑性と固さが必要であるが，天然の氷は結晶粒が大きく硬いので温度が比較的高くてよい．人工スケート場では，速い速度で氷を作るので結晶粒が細かく気泡の量が多くてもろいため，低い温度で氷を作り硬くする必要がある．

32話　冷凍庫で作った氷はどうして白く見えるところがあるか？

池に張った氷や，氷屋さんで作った氷は透明なのに，冷凍庫で作った氷はどうして白く見えるところがあるのだろうか？　氷が池に張る場合には，気温が例えば－2℃とか0℃に近い温度だが，冷凍庫で氷を作るときは，温度は－20℃くらいになっている．その場合，池の氷はゆっくり凍るが，冷凍庫の氷は速く凍る．氷の密度は0.917 g/cm^{3}で水の密度より小さいため，水が氷になるときに体積が約9％増える．そのため，製氷容器は約9％の体積の膨張を許す構造になっていなければならない．製氷容器は**図38**のように，底が小さくて上のほうが大きくなっていて，体積が増えても上のほうに氷がはみ出せる構造になっている．**図38**でもできた氷は中央部分が白く見える．

冷凍庫の氷は製氷容器の端から凍り始め，それが少しずつ中央の部分へと広がっていく．水が氷に急に変わると，氷のできた部分が急に膨らみ，氷と水の間にわずかに隙間ができる．その隙間に水の中に溶けていた空気が入り込みやすくなる．固体と液体の境目付近では，決まった構造がないため，空気のような不純物が存在しやすくなるからである．氷のできる速度が速いと，泡のようになった空気と接していた水も速く凍るので，中央部分では空気の逃げ場所が少なくなって，小さい泡となって空間に取り残されてしまう．冷凍庫の温度が急に下がるほど，水の表面までの距離の長い中央付近ほど，空気が取り残されやすく，たくさんの空気の泡が残っ

図38　プラスチック製氷皿と氷
［出典：フリー百科事典　ウィキペディア］

てしまう．空気の泡は体積が膨張した氷から無理やり圧縮されるので内部の圧力は相当高くなっている．

では，どうして氷の中に空気があると白く見えるのだろうか？　氷の中に空気からできている泡が多数存在しているが，空気と氷では密度や屈折率が大きく違う．光が進んでくるとき屈折率が違う物質の境界で反射が起こる．氷の中を光が進むとき，泡の表面で反射した光が私たちの眼に届くので，その部分が白く見える．

空気だけでなく，水道水に含まれる塩素やミネラル成分が不純物となって泡ができやすくなる．沸騰させた水やミネラル成分の少ない軟水を使って氷を作ると濁った部分が大幅に少なくなるが，完全にはなくならない．それに比べて天然の氷ではゆっくりと凍るので空気が抜けやすく透明になる．また，製氷会社では水を専用のろ過装置に通した後に，－ 10 ℃ でゆっくり凍らせて透明な氷を作る．

製氷室で作った氷は－ 20 ℃ 程度だが，コップの水に入れるとパチッという音がする．氷と水の温度差のため氷の表面付近が急に膨張するが，内部はそれほど変わらないので，氷の内部に大きな力がかかりひびが入るが，そのひび割れで音がするのではない．空気の泡は氷ができるときの体積膨張により圧迫され大きな圧力になっているが，ひびが入ることで爆発的に泡の中の空気が解放され，空気の疎密波が発生し，パチッと音がする．

㋮㋣㋱　冷凍庫の温度は－ 20 ℃ くらいなので冷凍庫の水は速く凍る．水が氷になるときに体積が約 9 % 膨張するが，氷と水の間にわずかな隙間ができ，そこに水に溶けていた空気が入り込み泡となる．氷のできる速度が速いと，氷の中央部分では空気の逃げ場所がなくなり泡が取り残される．光は氷と泡の界面で反射するので白く見える．

33話　冷凍庫から出したばかりの氷に触るとなぜくっつくか？

冷蔵庫から出したばかりの氷に触ると指にくっつくことがある．でも溶けかかって表面に水がある氷に触ってもくっつかない．冷凍庫から出したばかりの氷だと，どうしてくっつくのだろうか？

冷蔵庫の製氷室の中は－20℃くらいには冷えている．この温度の氷に触ると，指の温度が高いために氷の表面がすこし溶けて水になる．この状態で，**図39**に示すように，熱は指の内部から指の表面へ，指の表面から溶けてできた水へ，水から氷の表面へ，氷の表面から氷の内部へと流れる．また，指の表面の温度が下がり，氷の温度は少し上がる．

ここで問題なのは，熱の伝わり方がどこが一番遅いかということである．熱の伝わり方は熱伝導率という値で評価できる．一般に，熱伝導率は硬い物質ほど分子間の結合力が強いため熱振動が伝わりやすく熱伝導率が大きいが，柔らかいものは分子間の結合力が弱いため熱伝導率が小さい傾向がある．それで，氷に比べて指を構成するタンパク質の熱伝導率がかなり小さいと考えることができる．実際に，タンパク質の熱伝導率が約0.2 $Wm^{-1}K^{-1}$と氷の2.2 $Wm^{-1}K^{-1}$に比べてとても小さい．

そのため，指の内部での熱の伝わり方が一番遅いので，指の表面温度はどんどん下がる．一方，氷と指の間で溶けた水には指のほうからは熱があまり流れてこないのに，氷の中の熱の伝わりが速いので，水が冷やされて氷になる．その際，氷

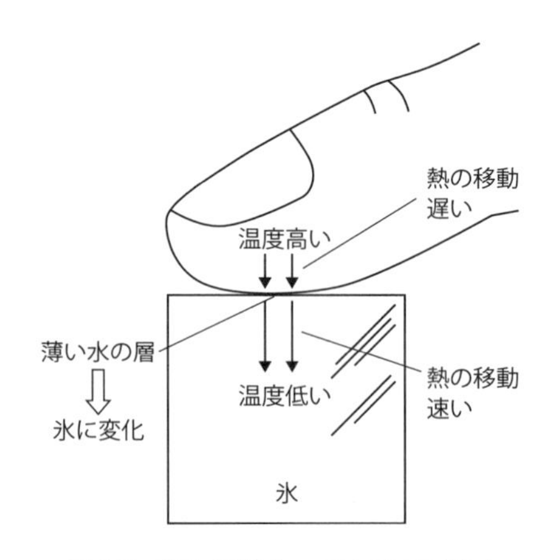

図39　指と氷がくっついている様子

の温度も多少上がるが，元々の温度が－20℃程度とかなり低いので，氷が溶ける0℃の温度までにはなかなかならない．氷と指の間で薄い水の層ができると，指の表面にあった水分も氷に変化する．つまり，いったん溶けた水や指の表面にあった水分が凍って指と氷の間の接着剤の働きをして，指が氷にくっつくことになる．ところが，溶けかかった氷だと，氷の表面温度が0℃になっているので，氷と指の間にできた水を凍らせることはできない．それで，溶けかかった氷は指にくっつかない．

氷だけではなく，－20℃程度に冷えた金属に触っても指がくっつくことがある．これは，金属の表面にできた霜などの水分，指の表面にある水分が氷となって接着剤の働きをするからである．この場合，金属の熱伝導率が氷に比べてはるかに大きいので，いったん溶けた水が氷になる速度が速く，よりくっつきやすいことになる．このような状態になったとき，あわてて無理にはがそうとすると，皮膚がはがれて怪我をすることになる．指がついたところに水をかければ簡単にとれる．接着剤が氷なのでそれを溶かせばよい．

製氷室にある氷同士がくっついてしまうことがある．これは氷を作って長期間放置していると起こりやすい．－20℃程度の温度は融点に近いので氷の内部での分子運動が活発で，長期間放置すると氷同士が接触している付近での分子の相互拡散によって接触面が広くなってくっついてしまう．また，昇華蒸発および昇華凝固の機構によって接触面が広くなる効果もあると考えられる．

まとめ　冷蔵庫から出したばかりの－20℃くらいの温度の氷に触ると，指の温度が高いために氷の表面が溶けて水になる．氷に比べて指を構成するタンパク質の熱伝導率が10程度小さいので，指に比べて氷の中の伝熱が圧倒的に速く，溶けた水は氷になる．いったん溶けた水が氷となって，氷と指をつなぐ接着剤の役目をするので氷が指にくっつく．

34 話　ひょうはどうして降ってくるか？

4月や10月など夏の前後の季節に，雷が鳴りすごい音がしてひょうが降ってくることがある．ひょうは空から降ってくる直径が5 mm以上の氷の粒で，直径が5 mm以下の場合はあられという．あられが降るのは主として冬の季節である．

どうしてひょうは夏の前後に降りやすいのだろうか？　寒い時期は太陽光線が強くないので水蒸気の蒸発が活発に起こらず，ひょうを降らせる雲が発達しない．ひょうは中緯度の大陸内部で発生することが多いが，日本列島の沿岸でも発生する．

熱帯低気圧・温帯低気圧・寒冷前線・停滞前線の通過時，上空への寒気の流入などで上空と地上との温度差が40℃以上になる状態を大気の状態が不安定という．大気の状態が不安定なときは積乱雲が発生しやすい．積乱雲が発生する気象条件では雷が鳴り，突風が吹き，大雨を伴うことが多い．積乱雲の中では，強い上昇気流によって強い断熱膨張による冷却が起こり上空で氷晶が発生する．氷晶が成長して大きくなると氷晶の重力のほうが優さって下降するが，下からの上昇気流で再び上空まで持ち上げられる．一方，積乱雲の中では集中豪雨が降っている領域があり，下降気流を形成する．下降気流は，氷晶や水滴を含む空気のかたまりが低温で平均密度が周りの空気よりも大きくなったときに発生する．積乱雲の中では上昇気流も下降気流もともに強いため氷の粒の運動は複雑で，時には何回か上下運動を繰返す．積乱雲は地上10 km以上にもおよび，上層は温度が－30 ℃以下で，氷晶が存在しているし，中層でも温度が0～－30 ℃で過冷却の水滴がある．氷晶が上層から落下して過冷却水滴と共存する条件では，飽和水蒸気圧が氷晶のほうが過冷却水滴に比べて低いため，過冷却水滴の蒸発が選択的に進み，氷晶は水蒸気を取り込んで昇華凝結が進む．その結果，氷晶の独占的な成長が進むが，それを氷晶過程と呼ぶ．氷晶過程でサイズが大きくなった氷晶は落下速度が大きくなり，途中で過冷却水滴を取り込んであられやひょうとなる．ひょうは上下運動を繰返す中でサイズが大きくなる．落下する過程で温度が高い領域を通ると過冷却水滴がひょうの表面を覆うように付着して凍るので透明な氷となり，温度が低い領域を通過すると過冷却水滴がそのままの形で氷となって付着するので不透明となる．そのため，ひょうの内部は透明な層と白い不透明な層とが交互にできる．**図40**の大きなひょうを割って内部断面を写した写真では，何回かの上下往復運動によって氷が多層構造を形成しながら成長していった跡がうかがえる．**図40**では2つのひょうが合体しているように見える．ひょうは成長するにつれてその重さを増していく．上昇気流が弱まったり，強い下降気流が発生したりしたときに地上に落下する．

そんなゴルフボールくらいの大きさの氷のかたまりが落ちてきたら当然地上に被害が出ることになる．ひょうの落下速度は直径 5 mm のものでも秒速 10 m 以上と雨の落下速度よりかなり速い．日本でも直径が数 cm のひょうが降って，農作物はもちろん自動車の鉄板がぼこぼこになる被害が出たことがある．インドでは直径 30 cm ものひょうが降り 50 人の死者が出た例もある．

図 40　ひょうの断面顕微鏡写真［出典：フリー百科事典　ウィキペディア］

直径が 5 mm 以下のあられは，冬の前後に降ることが多い．この場合は，気温が低いため，水蒸気の蒸発による上昇気流の発達が十分ではなく，氷の粒が十分成長しないうちに地上に落ちてくる．

ⓜⓣⓜ（まとめ）　空から降ってくる直径が 5 mm 以上の氷の粒をひょうという．太陽光線が強いとき水蒸気の蒸発が活発に起こり積乱雲が発達する．積乱雲の中で，上昇気流と氷の粒を含む空気塊による下降気流とが入り混じり，氷の粒は上下運動を繰返す．この間に氷の粒は過冷却の水滴などを取り込みながら層状に生長し，ひょうとなる．

35話　湖や川はどんなふうに凍るか？

気温が低い地方にあるあまり深くない湖や川は冬になると凍る．凍るときはどんなふうに氷ができるのだろうか？

淡水湖の場合，気温が0℃以下になると凍り始めるが，風や気温の条件などによって氷のできかたが違う．最初の例は，風のない静かな湖面で0℃以下になる場合である．水の密度は4℃のときが最大なので，水温が4℃以下になると密度の小さい軽い部分が上にくるので対流が起こらない．気温が0℃以下にならなくても，よく晴れた日の夜間に放射冷却という現象で水面が0℃以下になると，表面に透明な薄い針状の氷片ができる．針状の氷片が水平の形で水面に浮び，これらがいくつか結びついて薄い氷片となる．これらが連続して湖面を覆うようになり，冷却とともに氷の薄板が厚みを増していく．

風の強いところでも，湖は凍るだろうか？　風の強い大きな湖では，波動のため水が混合するので表面水だけが冷却することはない．このような動水面では静水面に比べると表面水はなかなか0℃にならない．しかし，気温が0℃以下の日が続いて，表面温度が0℃になると，表面水の中に針状氷ができる．これらは波のために水面で衝突し，固まっていき円盤状の氷板になる．この氷板どうしが互いに衝突し，大きな円盤に成長する．これは蓮葉状氷と呼ばれ，直径1m以上にもなる．これらの蓮葉状氷の群が水面に並ぶと波は静まり，やがて一面の氷板となっていく．湖面の凍結には雪が積もる効果も見逃せない．水温が0℃に近いときに大量の雪が降ると，湖面に浮かぶ雪は一部が水に溶けて雪粒状になる．溶けきらないうちに多量の雪が落下してくると，雪粒群が互いに結びついてジャム状になり湖面に浮かぶ．その後の冷却で雪粒間の水が凍れば一面雪氷の状態になる．

それでも十和田湖などでは冬の気温が0℃より低いのに凍らない．湖が大きく深い場合は，湖内の水温の変化による水の上下の動きが盛んで，風による水の乱れも手伝って深部の水温の高い水が絶えず表面に出てくる．水温の変化による水の上下の動きは，水の密度が4℃が最高であるために起こる現象である．例えば，深い層の水温が6℃で，気温が低くなって水面の温度が4℃になったとすると，水面近くの水は密度が大きいので沈み，深層の水が密度が小さいので浮かび上がる．そうすると，絶えず表面の水温が高く維持され，たとえ気温が0℃以下でも湖水全体が低い温度にならない．中禅寺湖，猪苗代湖，田沢湖，支こつ湖，洞爺湖など

図 41　スコットランドの川に浮かぶ円盤状の氷
［出典：BBC スコットランドニュースウェブサイト］

も不凍湖として知られている．

また，湖だけでなく河川も同じように凍る．河川の場合，水量が少なく水深が浅いほど，流速が遅いほど凍結しやすくなる．**図 41** はスコットランドの川に円盤状の氷が浮かんでいる様子を示している．川においても円盤状の氷の生成過程は湖とほぼ同じである．

㋮㋣㋱　湖水面が 0 ℃ 以下になると，湖水の上のほうが温度が低いので対流が起こらず表面に透明な薄い針状の氷片ができ薄い氷片となり，それらが連続して湖面を覆い凍る．十和田湖など湖が大きく深い場合は，気温が低くても水の乱れが盛んで内部の水温の高い水が絶えず表面に出てくるので凍らない．

36 話　冬の凍結湖で起こる御神渡りとはどういう現象か？

湖面全体に氷が張った冬の諏訪湖では，御神渡り（おみわたり）といって湖面の氷が割れる現象が起こる年がある．湖面全体の氷の厚さが 10 cm 程度になり，湖面の最低気温が − 10 ℃ ほどになる日が数日続いて，昼との寒暖の差が大きい程この現象が起きやすいと言われている．夜中に奇妙な音響とともに，湖面全体にわたり割れ目が線状に広がる．古来，諏訪大社の神が諏訪湖を渡るときに起こると言われてきた．御神渡りの記録は，古くは 1443 年からあるようだ．もちろん，御神渡りは諏訪湖以外の凍結湖でも起こる現象である．

ほとんどの固体は温度が上がれば膨張し，温度が下がれば収縮する．凍結湖では，夜間に気温が低くなると氷は収縮する．0 ℃ 付近での氷の線膨張係数は 1℃ 当たり 5.3×10^{-5} で固体としてはかなり大きいほうである．多くの固体の線膨張係数はその 1/5 から 1/10 程度である．1 m の氷の温度が 1℃ 上がると 0.053 mm 伸びる計算になる．夜間に急に気温が低くなると氷は縮もうとするが，湖面全体に氷が張っているために縮んでいく場所がない．それで氷の内部に圧縮応力が発生する．氷の強度がこの応力に耐えきれないところで割れてしまう．いったん割れ目ができると，それがあっという間に伸びていき，奇妙な音響とともに湖面全体にわたり割れ目が線状に伸びる，これが御神渡りである．湖面の氷が 5 km に渡って一体であると仮定し，氷の温度が 6 ℃ 下がったと仮定すると，1.6 m（0.053×10^{-3} (1/℃) × 5 000 m × 6 ℃）氷の長さが縮む計算になる．氷に非常に強い圧縮応力がかかることは想像に難くない．御神渡り発生の条件を**図 42** に示す．御神渡りの後，氷の割れ目の部分には湖水面が露出するが，低温が続くとこの部分が氷に変わる．翌日の昼間になって気温が上昇すると，氷全体が膨張する．割れ目にできた新

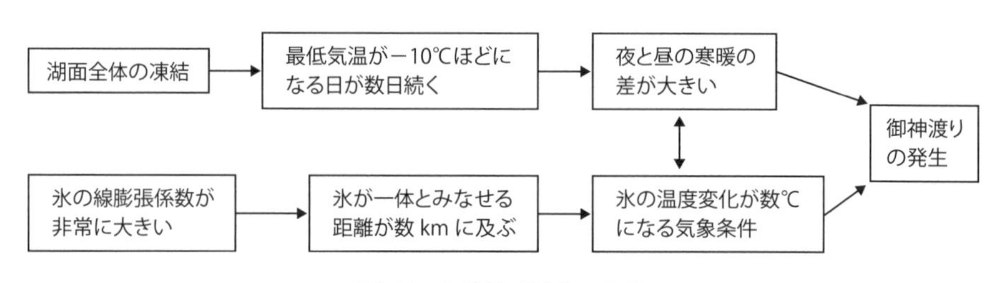

図 42　御神渡り発生の条件

図 43　2006 年 1 月 13 日の御神渡りで生成した氷丘脈
［提供：諏訪市博物館］

しい氷は薄いので押されて壊れ，割れ目の上に押し上げられ，割れ目の線に沿って小さな丘が連なる．これを 氷丘脈という．**図 43** に 2006 年 1 月 13 日の御神渡りの際に生成した氷丘脈を示している．

諏訪湖では，かつては毎年のように厚い氷が湖面を覆い，湖面ではワカサギの穴釣りをはじめ，アイススケートなども行われていたが，近年は温暖化の影響か全面氷結の頻度が減少している．

ま と め　御神渡りは冬の凍結湖で湖面の氷が割れる現象で，温度変化による氷の膨張収縮により起こる．気温が低くなると氷は縮むが，湖面全体に氷があるため縮む場所がなく内部応力が発生し，割れ目が線状に伸びる．昼間に気温が上昇すると，氷が膨張し割れた面で氷同士がぶつかり，氷が割れ目の上に押し上げられる．これを氷丘脈という．

コラム

氷の多形

私たちが普段目にする氷は六方晶氷というもので，雪の結晶が六角形をしているのも氷の結晶が六方晶であることから来ている．ところが，氷を大きな圧力のもとに置くと結晶構造が変わる．**図 44** に氷の相図を示す．横軸は圧力で，GPa は 10^9 Pa（10^4 気圧）を意味し，対数目盛りになっている．**図 44** は氷にはいろいろな構造をした相があることを示している．六方晶氷は Ih と表記されている．現在までに氷に 17 の多形があることが分かっている．氷に圧力を加えていくと，水素結合の距離が短くなり結合方向も変わることが多形を生ずる原因となっている．**図 44** のⅦの相で 10 GPa 程度の高圧で 100 ℃ を超える「熱い氷」も存在することが分かる．この Ⅶ 相の氷の融点が明瞭でないことが多い．その原因としては，Ⅶ 相の氷と液体との間に「プラスチック氷」と呼ばれる固体と液体の中間状態の存在が指摘されている．

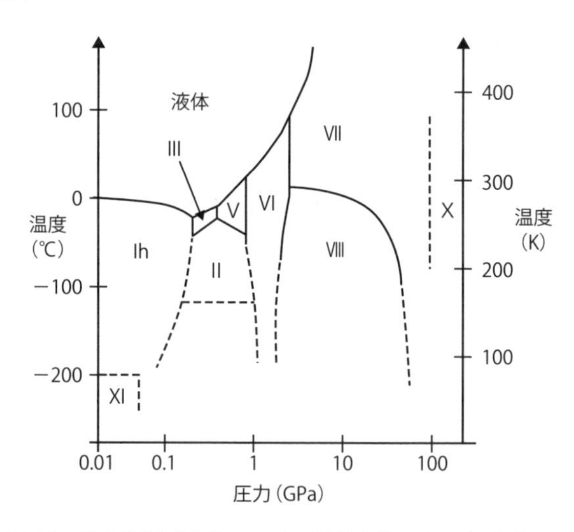

図 44　氷の相図［出典：フリー百科事典　ウィキペディア］

第7章
水に浮くもの沈むもの

水の密度は油などに比べて大きいので，ものが浮きやすい．しかし，鉄の船が浮くのはそれが理由ではない．氷とウイスキー，一円玉と水との組み合わせについて，浮くか沈むかの考え方は一筋縄では行かない．

37話　鉄のかたまりは水に沈むのに鉄の船はなぜ浮くか？

鉄のかたまりは水に沈むのに鉄の船が浮かぶのは直感的には理解しにくい現象である．海で深いところにもぐると圧迫された感じがする．液体は深いところほど大きな圧力を持っている．**図45**に示したように，液体中に固体があるとする．深いところでの液体の重力は浅いところの液体の重力に比べて大きいので，深いところの押す力（圧力）は浅いところに比べて大きくなる．**図45**では矢印の長さが圧力の大きさを示している．それで，液体中の固体に対しては上向きの力のほうが大きい，つまり浮力が働くことになる．浮力の大きさは（固体の断面積）×（高さ），つまり固体の体積と等しい液体の重力となる．これは，固体が排除した液体の重力と言ってもいい．でもそれだけでは鉄の船が浮くことにはならない．固体が排除した液体の重力よりも固体の重力が大きい場合は固体は沈む．**図45**で浮くことが説明できるのは，水と氷の場合など液体よりも固体の密度が小さい場合や液体の水銀に鉄のかたまりを浮かせる場合などである．

図45のような場合でも鉄には浮力が働いている．その浮力をもっと大きくするにはどうしたらいいか考えてみる．ここに 1 kg の鉄の球があったとする．球の大きさは直径 6.24 cm で，体積は約 127 cm^3 になる．これを水の上に置くと上向きに約 127 g 重の浮力が働くが，鉄球は重力が 1 kg 重あるので沈んでしまう．そこで，この鉄球を，風船のように中空にして直径 22.54 cm の大きさに膨らますことができたと仮定する．そうすると，鉄球の中に 2 kg の砂を入れたとしても，中空の鉄球は水面に半分だけ顔を出す．なぜなら中空の鉄球の半分の体積が（1/2）×（4/3）

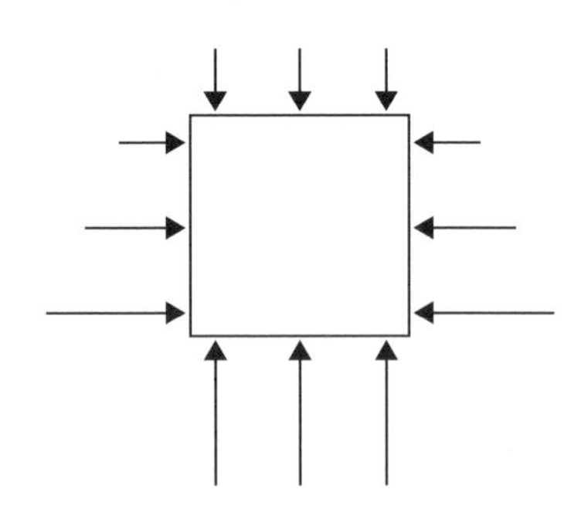

図45　液体中の固体に働く圧力

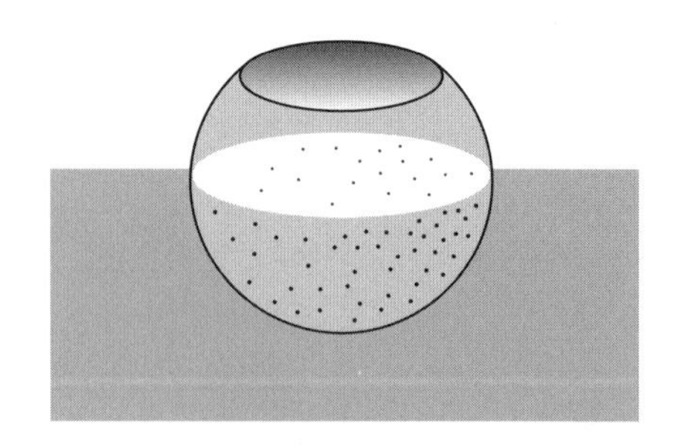

図46　中空の鉄球に砂を入れた物体が水に浮かぶ様子

$\times 3.14 \times (22.54/2)^3$ より約 3 000 cm^3 で，3 kg 重の浮力として働き，鉄と砂の重力の合計 3 kg 重と釣り合うことになる．

しかし，中空の鉄球を作ったり，その中に砂を入れたりするのは現実的ではない．現実に近づけるために，**図 46** のように，中空の鉄球の上部を 300 g 切って砂を 2.3 kg 入れたとすると，浮力も重力も同じ 3 kg 重だから鉄球は水面に半分だけ顔を出して釣り合う．実際の船でも水が入ってこないように船の外側を木や鉄で作り，中は中空にしている．船のトン数というのは船の重さであると同時に船が水中に没した部分の水の量，つまり排水した水の重さで表すこともある．

船はたくさんの人や荷物を積めるが，積みすぎるとやはり沈んでしまう．荷物の積み過ぎが原因で事故が起きないよう，船に積まれている荷物が安全な量かどうかを外から見ても分かるようにマークがついている．安全に航海できる物の重さは海域や季節によって変わる．ある海域では冬は海が荒れるので船に積める荷物の重さを少なくする．また，淡水は海水より密度が小さいため同じ荷物を積んでいても淡水では船は深く沈む．

㋮㋣㋱　鉄の密度は水より大きいので鉄のかたまりは水に沈む．浮力は液体が排除した体積に等しいから，密度の大きい材料を使っても体積が大きくなるような工夫をすれば浮かせることもできる．船形など中空の鉄製の容器を作れば水に浮く．排除した液体の分だけ浮力が働き，これが船の重力と釣り合うからである．

38話　氷はアルコールに浮くか？

氷は水に浮かぶが，アルコールにも浮くだろうか？　氷を純粋なアルコールに入れると沈む．これは液体の密度と固体の密度の比較の問題である．0 ℃の氷の密度は 0.917 g/cm^3 で純粋なエチルアルコールの密度は 0.789 g/cm^3 と氷よりはるかに小さいので氷は沈む．

どうしてエチルアルコールの密度はそんなに小さいのだろうか？　エチルアルコール（C_2H_5OH）は OH 基を含んでいて弱い水素結合を作るが，エチル基の部分が炭化水素なので密度が小さくなる．エチルアルコールに限らず炭化水素を主成分とする物質の密度は小さい．てんぷら油はもちろん灯油，ガソリン，ろうそくのろうなども密度はアルコールと同様に小さい．炭化水素は軽い元素からできているし，水素結合を作らないので水ほど密な構造を作らないからである．ちなみに，ろうそくの密度は 0.82 g/cm^3 程度なので，水には浮くが，純粋なアルコールに入れると沈む．液体の炭化水素はファンデルワールス力という弱い分子間引力で引き合っているだけなので密な構造を作ることはできない．それが本当かどうか気になる人は，てんぷら油，灯油，ガソリンなどに氷やろうそくを入れて沈むかどうかやってみるとよい．

それでは，氷はウイスキーに浮くだろうか？　オンザロックのウイスキーをいつも飲んでいる人は直ちに答えが分かるだろうが，その理由も考えてみて欲しい．その問いに答える前にウイスキーの密度を計算してみたい．ウイスキーのアルコール濃度は 42 体積 %である．アルコールの密度 0.789 g/cm^3 と水の密度 1.0 g/cm^3 を使って，ウイスキーが水とアルコールの単純な混合物と仮定すると，$0.789 \times 0.42+1.0 \times 0.58$ で密度 0.911 g/cm^3 と計算される．氷の密度は 0.917 g/cm^3 だからウイスキーの密度がそれよりわずかに小さいから氷が沈むはずになる．ところが，ウイスキーの中に氷を入れてみると氷は浮く．

計算と違っていた理由は，ウイスキーの密度は水とアルコールの単純な混合物と仮定したことにある．実際には，ウイスキーの密度は 0.96 g/cm^3 くらいである．水とアルコールを混合すると体積が減る．質量保存の法則というのがあるが，体積保存の法則というのはない．水とアルコールを混合すると体積が減り，密度の大きい構造になるので計算とは違って氷が浮くようになる．水とアルコールを混合すると体積が減ることを確かめたい場合は，100 mL の水と 100 mL のアルコールを計

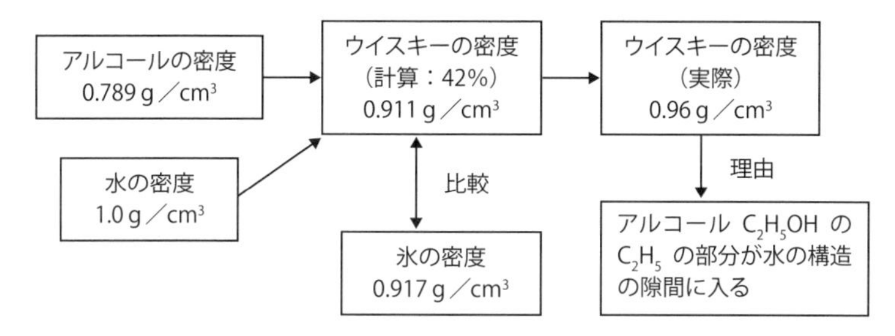

図 47　ウイスキーに氷が浮く理由

量して混ぜる．そうすると，混合物は 200 mL にはならずに約 190 mL になる．

その理由を考えるために，氷と水の分子動力学計算から得られた**図 5** の構造を参照して欲しい．氷の構造は歪んだ 6 角形の構造で大きな隙間がある．水の構造は乱れてはいるが氷の構造のなごりを残していて，比較的大きなすき間をたくさん持っている．一方，アルコールの分子は，C_2H_5OH と書く．この内 OH の部分は水と性質が似ているので水と水素結合を作るが，残りの C_2H_5 の部分がじゃまになる．C_2H_5OH 分子のうち，OH の部分は水分子の隣に水素結合を作って入り込むが，残りの C_2H_5 の部分がじゃまなので水分子の大きな隙間の部分にうまく入り込むため，体積が減り密度が大きくなる．

よりアルコール濃度が高ければ氷が沈んでしまうはずだが，どの濃度で沈むかは実験してみなければ分からない．氷が沈んでしまうような高いアルコール濃度のお酒にお目にかかりたいものである．

㋮㋣㋰　氷の密度は 0.917 g/cm^3 で，エチルアルコールの密度 0.789 g/cm^3 より大きいので氷はアルコール中に沈む．アルコールのエチル基の部分が弱い分子間力なので，密な構造を作れない．ウイスキーのアルコール濃度から計算すると，氷の密度より小さくウイスキーに氷を入れると沈むはずだが，実際は浮く．水とアルコールを混合すると体積が減るからである．

39 話　一円玉は水に浮くか？

一円玉はアルミニウムでできている．アルミニウムの密度は 2.7 g/cm^3 で，水の密度 1.0 g/cm^3 よりかなり大きいので浮力で浮くという説明は正しくない．その証拠に，一円玉を垂直に立てて水中に入れると沈む．

でも一円玉を水平にして静かに水面に置くと浮く．そのとき一円玉は人間の手垢で油の成分がこびりついているので水に濡れない．それで一円玉の周辺の水面の形状が**図 48** のようになる．水の表面積が増加すると不安定になるので水の表面積の増加を防ごうとして，水面に対して接線方向に表面張力が働く．一円玉が浮いた面をよく観察すると，**図 48** のように一円玉が水面より下に沈み，一円玉と接する上面から曲線を描いて水面が形成されている．この曲線を描いた水面は一円玉に表面張力が働いていることを示している．それで「一円玉に表面張力が働くため一円玉が浮く」という説明がいろいろな本や事典で書かれている．しかし，この説明は「一円玉が浮く」理由の一部を説明しているが，正しい説明とはいえない．

では，表面張力による上向きの力を計算してみる．表面張力を γ，一円玉の半径を r，一円玉の上面と曲面を作る水面とのなす角を θ とすると，表面張力による上向きの力は $2\pi r \cdot \gamma \sin\theta$ と表される．仮に表面張力の最大値を見積もるため $\sin\theta = 1$ とし，水の表面張力 γ は 72 mNm^{-1}，r = 10 mm であるので，表面張力による上向きの力は 4.5 mN となる．一方，一円玉の質量 m は 1 g であるので一円玉に

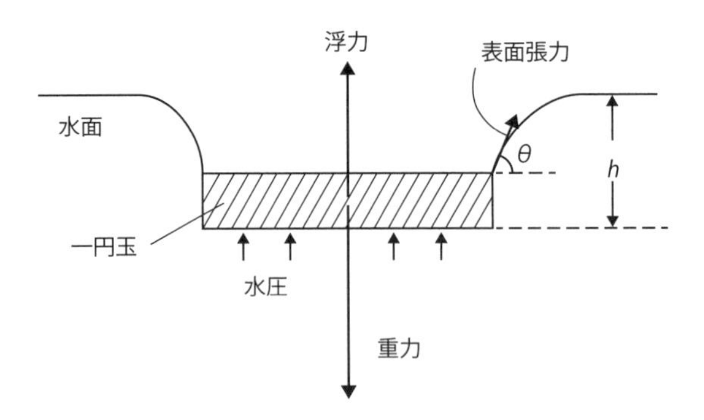

図 48　水面に浮いている一円玉に働く力
［出典：林　英子・稲場秀明，千葉大学教育学部研究紀要，第 53 巻，2005，p.345］

働く重力は g を重力の加速度として，mg = 9.8 mN となる．表面張力による上向きの力は最大でも重力の半分以下なので，一円玉は表面張力だけでは浮かないことになる．

一円玉が浮くためにほかにどんな力が働いているのだろうか？　ここで，一円玉の底面がが水面より h だけ下に位置に沈んでいることに着目する．一円玉が水面より下にあるので，水圧による浮力が上向きの力として働いている．浮力の大きさは水の密度を ρ_W として $g\pi r^2 h\rho_W$ と表される．一円玉が円柱形でその高さが d，密度が ρ_s であるとすると，一円玉が水面で浮いているときの力の釣り合いは次式で表される．

$$g\pi r^2 d\rho_s = 2\pi r \cdot \gamma \sin\theta + g\pi r^2 h\rho_W \tag{3}$$

左辺は一円玉の重力，右辺第 1 項が表面張力，第 2 項が浮力による上向きの力である．

一円玉の場合，表面張力などの実測によると，浮力の寄与が約 80 %，表面張力の寄与が約 20 % で浮いている．式（3）より，浮いている円柱形の物体の高さ d が大きいほど，密度 ρ_s が大きいほど，物体は深く沈むことによって浮力を増加させ物体の重力を支えることになる．しかし，物体はどこまでも深く沈んで浮力を増加できるわけではない．一定限度以上深く沈むと物体の上端に盛り上がった水面が**図 48** のような形状を保つことができず，水が物体の上面にまで流れ込んで沈む．10 円玉は銅が主成分，100 円玉は銅とニッケルの合金なので密度が一円玉よりはるかに大きく厚みも厚い．それで，水の浮力と表面張力の組み合わせでは 10 円玉や 100 円玉の重力を支えきれず，沈む．

㋮㋣㋱　一円玉はアルミニウムでできていて，密度は 2.7 g/cm^3 と水の密度よりかなり大きいので一円玉は沈むはずである．しかし，一円玉を水平にして静かに水面に置くと水面から少し沈んだ位置で浮く．これは一円玉と接する水の表面張力と，一円玉の底面に働く浮力のためである．表面張力と浮力の合力が一円玉の重力と釣り合って一円玉が浮く．

40話　水に浮いた一円玉に洗剤を注ぐとどうなるか？

水に浮いた一円玉に液体洗剤を注ぐとどうなるだろうか？　特別の注意をせずに液体洗剤を注ぐと一円玉は反対方向に素早く動いて沈む．この現象を洗剤の滴下により水の表面張力が低下したためだという説明が多くなされている．しかし，これは正しい説明とはいえない．なぜなら，液体洗剤を水で薄めたものを静かに滴下しても一円玉は沈まず，その後液体洗剤の水溶液の濃度を増加させ，ついには液体洗剤の原液そのものを静かに滴下しても一円玉は沈まないからである．

液体洗剤を水の上に滴下するとどういうことが起こるのだろうか？　洗剤は界面活性剤と呼ばれている．界面活性剤は，一つの分子中に水によく馴染む部分（親水基）と馴染まない部分（疎水基）とからできている．界面活性剤分子は，**図49**に示すように，マッチ棒のような形でよく表される．マッチ棒の頭が親水基の部分で，カルボン酸のナトリウム塩（COONa），スルホン酸のナトリウム塩（SO_3Na）などからできている．マッチ棒の棒の部分が疎水基で，炭化水素でできている．界面活性剤は，水の表面張力を下げ疎水基が汚れを取り囲み水中に分散させて汚れを落とす．液体洗剤を水の上に静かに滴下した場合の一円玉の周囲の水の形状は**図48**とほと

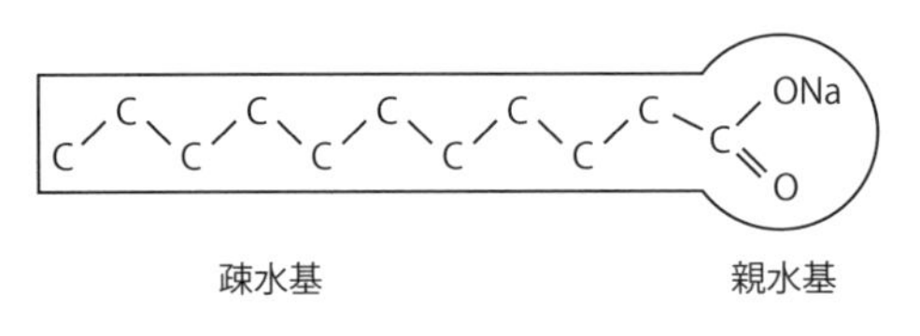

図49　洗剤分子の形

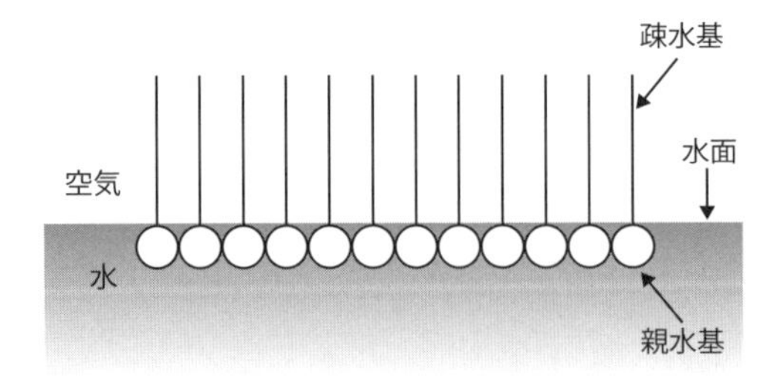

図50　単分子層膜を形成した洗剤分子の形

んど同じである．ただ水の表面に洗剤分子があるために水の表面張力が低下して上向きの力が減少するので，一円玉の水面が少し低下して，浮力を増加させて補う．

ところが，特別の注意をせずに液体洗剤を注ぐと一円玉は反対方向に素早く動いて斜めに傾き沈む．液体洗剤の一部は水中に沈みこんで拡散するが，一部は**図 50**のように,親水基を表面近くに疎水基を上方に向けて整列して単分子層の膜を作る．液体洗剤を注ぎ，水面に到着した瞬間に単分子層の膜が形成され 2 次元的に伸びていく．単分子層の膜が一円玉のところに到達すると，走ってきた単分子層の膜に押されて反対方向に移動する．単分子層の膜の進行速度が速い場合には，一円玉の周囲の水の形状は**図 48** の形を保つことができず，周囲の水が一円玉の上にも入り込んで，斜めに傾いて一円玉は沈んでしまう．したがって，特別な注意をせずに液体洗剤を落とすと一円玉が沈むのは，水面に形成された界面活性剤の単分子膜が一円玉の上面に流れ込むことによる動的な現象である．

ⓜⓐⓣⓞⓜⓔ

まとめ　一円玉が浮いた水面に洗剤を非常に静かに注いでも一円玉は沈まない．この場合は水の表面張力が減少するが，一円玉の水面がわずかに低下して表面張力の減少を浮力の増加で補う．洗剤を特別の注意をせずに注ぐと，水面に洗剤分子の単分子膜が走り一円玉のところに押し寄せるので，水が一円玉の上にも入り込んで一円玉は沈む．

41話　アメンボはなぜ水の上に浮けるか？

アメンボは水上に浮かんで生活している．なぜアメンボは水の上にあんなに軽々と浮けるのだろうか？　あひるも水に浮くが，身体のかなりの部分は水中にある．アメンボは脚のわずかな部分が水中にあるだけで，身体の大部分は水上にある．

その秘密は**図51**にあるように，アメンボの3対の脚にある．それぞれの脚の裏に毛の束を持っていて，脚の先から油が出て毛の束に塗り広げて水に濡れないようになっている．毛の束自身も水に濡れないが，表面に油があることによって，さらに水をはじくようになっている．アメンボの浮いた表面をよく気を付けて見ると，2対目と3対目の脚の部分の水面が特に引っ込んでいる．**図51**は交尾している写真であるが，2対目と3対目の脚の毛の束が特に水の表面を押し下げて浮かせる働きをしている．

この場合，毛の一本一本が水面を押し下げるのではなく，毛の束が全体として水の表面を押し下げている．一円玉を浮かせる実験をするときに，一円玉を2枚離してビーカーなどに浮かせてみると，離れていた2枚の一円玉がいつの間にかくっついて水面に浮くのを観察できる．これは，2枚の一円玉がくっついたほうが別々に浮いているよりも表面積の増加を全体として減らすことができるからである．多数の一円玉を浮かせると同じ理由で1か所に集まる．アメンボの脚の毛の束が全体として水の表面を押し下げるのはこれと同じ原理が働いている．毛の束が水に濡れるとスポンジのように水を吸い込んで沈んでしまうが，水をはじくことが表面張力が働く一因になっている．一円玉と同じように，毛の束が水の表面張力を生み出すことと水の表面を押し下げて大きな浮力を得ることでアメンボが浮いていることになる．特にアメンボの2対目と3対目の脚の毛の束が水の表面を形成する周囲の長さを長くして表面張力と浮力による上向きの力

図51　アメンボが水の上で交尾している写真
［提供：フリー百科事典　ウィキペディア，© Markus Gayda］

を大きくしている．

この場合，上向きの力よりもアメンボの体重のほうが大きければ沈んでしまうが，アメンボの体重が 0.3 g 程度と軽いのでアメンボは浮ける．このように，表面張力と浮力の働きでアメンボが浮いているので，アメンボを容器に入れて洗剤を注ぎアメンボを溺れさせるいたずらをする人がいる．洗剤を入れると洗剤分子がアメンボが分泌する油の効果を殺してしまうので，毛の束が水に濡れるようになりアメンボが溺れてしまう．

アメンボは 2 対目の真ん中にある脚も表面張力と浮力による上向きの力に寄与しているが，2 対目の脚はボートのオールのように働かせて水をかいて前進する．それでアメンボはずいぶん速く動くことができる．1 かきで 20 cm ぐらい楽に進むことができる．

アメンボの餌は水面に落ちてくるアリなどの昆虫などである．水面に落ちた昆虫が水面でもがくと水面に小さな波が伝わる．その波を頼りにアメンボが獲物に接近し，昆虫の体に注射針のような口を差し込んで体液を吸う．アメンボは生まれるとすぐに水に浮いてこのように餌をとって成長する．したがって，アメンボのいる水面に指で叩くなどして波紋を作ると，アメンボが波紋の中心に近寄ってくる．

まとめ　アメンボは表面張力と浮力の作用により水面に浮く．アメンボには 3 対の脚があり，それぞれの脚の毛の束が水に濡れないので，毛の束が 1 体となって水の表面を押し下げて表面張力と浮力の両方の力が働いて浮くことができる．アメンボが水上に浮く原理は一円玉と同様である．

コラム

宇宙船内で浮く牛乳のかたまり

1997 年 8 月，ロシアの宇宙船ミールで宇宙飛行士が牛乳の球形のかたまりをパクリと飲み込む映像が公開された．そのとき，紙の牛乳パックの角を切ってパックを手で押すと，**図 52** にあるように牛乳の大きな球形のかたまりがプカリプカリと浮いた．

宇宙船内は無重力なので，浮力も重力も働かない．しかし，牛乳の成分の大部分は水で分子間引力が働いているので，表面張力は働いている．そのため，牛乳のかたまりは表面積を最小にしようとして球形になる．

もしこれが地球上なら牛乳のかたまりは球形を保つことができず，壊れてしまう．地球上で水滴が球形を保てるのは直径 7 mm くらいが限界のようである．

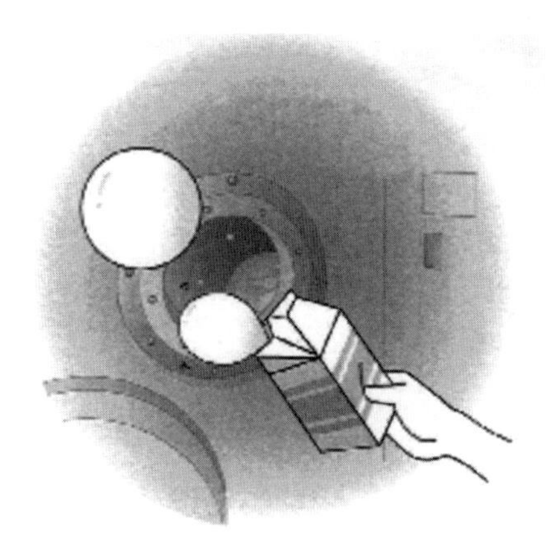

図 52　宇宙船内で浮く牛乳のかたまり

第 8 章

表面張力

水は表面張力が大きいため水滴になりやすいが，油とは混ざらない．水と油を無理やり混ぜようとするとどうなるか，すぐ消える泡と消えない泡の違いなど，水とほかの物質との境を接する界面の役割について考える．

42話　水滴はなぜ球形か？

雨水，木の葉に乗った水滴，フライパンについた水滴，涙も球形をしている．水滴はなぜ球形をしているのだろうか？

これらの例の中で共通しているのは水滴の量が少なくて，周りには空気があることである．水滴が球形をしているのは，まわりに空気があることに関係している．気体の場合は，分子が密集していないので自由に空気中を飛び回っているが，液体になると分子が密集しているのでそんなに自由には動けない．液体の場合に分子が密集しているのは，分子がお互いに引き合っているからである．水滴が球形をしているのは，水に分子間引力が働いて表面張力が発生することが原因である．

分子間に引力が働くことと，表面張力が発生することとの関係は何だろうか？水の内部では**図 53** に示すように，上下左右から引っ張られているが，表面では上方に分子がいないので引張ってくれる相手がいない．そうすると表面の分子は相手がいなくて欲求不満な分子が並ぶことになる．水滴全体としては，欲求不満な分子が多いとそれだけ不安定になる．表面の分子は内部の分子に比べて分子同士でより強く引き合って，相手がいない分をカバーしようとする．表面の分子同士でより強く引き合うことで表面張力を生じる．表面の分子はより強く引き合って密になろうとして**図 53** に示すように，球形になろうとする．同じ体積で表面積をなるべく減らそうとしたら球形になる．

ところで，水滴が特に球形になりやすいのは理由があるのだろうか？　どんな液体でも表面張力が存在するが，**表 1** で示したように水の表面張力は特に大きいために水滴はより球形になりやすいといえる．水の表面張力が特に大きいのは，水の

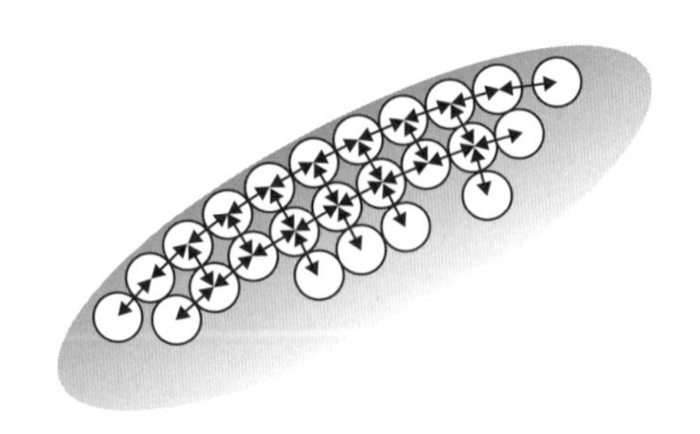

図 53　表面張力によって球形を作る水滴の概念図

分子間 に水素結合ができるため分子間引力が大きいためである．

水滴が球形になりやすい大きさがある．水の分子が集まって水滴を作るとき，分子の数が少なすぎると蒸発して気体になってしまうし，多すぎると相対的に表面の効果が小さくなり，地上では重力の効果のほうが大きくなって水滴が壊れてしまう．水滴の中で小さいほうでは，湯気や雲の中の水滴で半径 1 μm 程度，大きいほうでは，雨粒で直径 7 mm 程度である．無重力の空間ではずっと大きな水滴が作れる．1997 年 8 月，ロシアの宇宙ステーションのミールで飛行士が牛乳の球形のかたまりをパクリと飲み込む映像が公開された．そのとき，紙の牛乳パックの角を切ってパックを押したら，牛乳の大きな球形のかたまりがプカリプカリと浮いた．

半径 2 mm 以上の比較的大きな雨粒は球形ではない．それは落下途中に空気抵抗のために下から押されてまんじゅうのような偏平な形になっている．雨粒はよく下のほうが球形のように描くが，実際は下のほうが偏平である．

固体表面上に水滴がつく場合は固体の性質によって水滴の形状が大きく変わる．きれいなガラスの場合は水滴は薄くなって広がるが，油汚れがある場合は球形に近くなる．光触媒をコーティングした超親水性ガラス表面では，水は薄い水の膜になる．プラスチックの板では水滴は球形に近いが，板に細かい凸凹がたくさんあると，水滴は薄くなって広がりやすい．

㋮㋣㋱　水の内部では分子は上下左右から分子間引力を受けて引っ張られて釣り合っているが，表面では上方に水分子が存在しないために引力がない．そのため表面の分子は不安定で隣同士で強く引き合って表面張力を生じる．水滴全体としては表面にある不安定な分子の数をなるべく減らすべく，表面積を減らそうとして球形になる．

43話　水に濡れるものと濡れないものは何が違うか？

固体と液体との濡れは，**図 54** にある接触角 θ の小さいものを濡れやすい，大きいものを濡れにくいという．固体の表面張力を γ_S，液体の表面張力を γ_L，固体－液体の界面張力を γ_{SL} とすると，**図 54** に示すように，3 つの矢印で示す力がつり合っているので，

$$\gamma_S = \gamma_{SL} + \gamma_L \cos\theta \tag{4}$$

の関係が成り立つ．この式から液体の表面張力が固体の表面張力よりも非常に大きい場合は，θ が 180° 近くになって液体は球形になる．水銀をこぼすと球形になってころがるような場合が濡れない典型である．液体の表面張力と固体の表面張力が同程度に近づくと，θ が小さくなって液体は濡れるようになる．θ が 90° 以上の場合は比較的濡れが悪いと言い，θ が 90° 以下の場合は比較的濡れが良いという．

例えば，ガラスは水に濡れると考えられるが，実際には，車のフロントガラスに雨粒が残る．もともとガラスは親水性なので水には濡れやすいが，空気中の油の成分などが付着していて濡れにくくなっている．水滴が付着していると見えにくいので洗浄液をかけてワイパーを動かしてガラス面をきれいにしている．濡れやすくなると，ガラス表面の水が途切れずに流れるので，透明となり視界が妨げられることはない．ガラスのコップを洗っても水滴が残ることがあるのは，油汚れなどが完全に落ちないで，ガラス面が濡れていないところがあるからである．

金属も親水性なので水には濡れやすいが，多くの場合，金属の表面にペンキなど

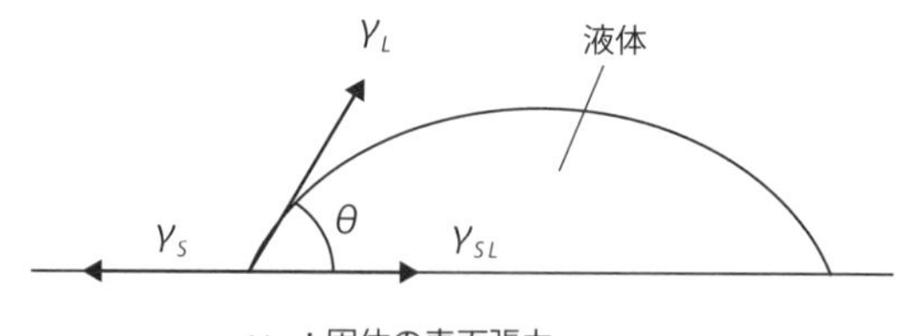

γ_S ：固体の表面張力
γ_L ：液体の表面張力
γ_{SL}：固体と液体の界面張力

図 54　固体と液体の界面に働く力と角度

の防錆剤が塗ってある．防錆剤は有機物質で油の成分なので，空気や水を遮断するので濡れにくくなっている．傘やレインコートは水に濡れにくくなっている．傘やレインコートなど水がしみこむと困るものには表面に薄いプラスチックが塗ってある．プラスチックは油と同様に水には濡れない成分である．でも水に濡れないとプラスチックに文字などを書こうとすると困ると思われる．プラスチックに何かを書くときは，油性のインクを使えばよい．

プラスチックはいろいろな種類があり，特に塩素やフッ素を含むことによりその性質が大きく変わるものがある．例えば，塩素を含むポリ塩化ビニル，ポリ塩化ビニルデンは摩擦係数が大きいプラスチックである．ポリ塩化ビニルデンはサランラップなどとして知られ食品の包装に使われるが，摩擦係数が大きいため容器への密着性がよいからである．さきほど話しが出たテフロンはポリエチレンの水素の位置をすべてフッ素に置き換えたプラスチックで，表面張力と摩擦係数が非常に小さい．テフロンコーティングされたフライパンは水をはじく．

酸化チタン光触媒は太陽光に含まれる紫外線を吸収して，強い酸化力と超親水性という機能によって外壁や窓ガラスなどの汚れをきれいにする．超親水性とは固体と液体との接触角が $10°$ 以下の場合をいう．外壁や窓ガラスは微量の油など有機物がついているが，光触媒の強い酸化力で分解して表面を浄化する．さらに，超親水性によって光触媒の表面が水となじみがよくなり，水がかかると水の膜が汚れの下に入り込んで汚れを洗い流す．

㋮㋣㋱　ガラスは本来水に濡れやすい成分であるが，手あかや空気中の油の成分などが付着している部分は濡れにくい．それで，コップや車の窓ガラスには水が連続的な膜ではなく，水滴となってつきやすい．金属も水に濡れやすいが，多くの場合金属の表面にペンキなどが塗ってあり，空気や水を遮断するので濡れにくい．

44話　水と油はなぜ混ざらないか？

灯油をこぼしたとき，濡れたぞうきんで拭き取ろうとする人があるが，油と水は混ざらないのでなかなか拭き取れない．こういうときは，乾いた布にベンジンなど油となじみのよい液体を滲みこませてふくのがよい．

水は水素2原子と酸素1原子からできている．水分子中の酸素原子は若干マイナスの電荷を持ち，水素原子は若干プラスの電荷を持つ．こういう状態を分子の分極，分極を持った分子には極性があるという．水分子が分極していることで，水はイオンになりやすい物質を溶かすことができる．

一方，油は主として炭化水素からできている．最も簡単な炭化水素はメタンで CH_4 という分子式で示される．メタンは炭素を中央に4つの水素を頂点にした正4面体でできている．これは対称性のよい構造で，分子の分極がない，あるいは無極性という．炭化水素は C_nH_{2n+2} の一般式で表わせ，ガソリン，灯油などの油の主成分で無極性の性質を持っている．分子の分極がある水と分子の分極がない炭化水素とは相容れない性質を持つことになる．それで，水と油は混ざらない．

でもアルコールは水と混じり合うけど，主として炭化水素できているのではないかと疑問に思う人がいるかもしれない．エチルアルコールは，C_2H_5OH の分子式を持ち，炭化水素を含んではいるが，OH基があるために水にはいくらでも溶ける．水とアルコール中のOHとが水素結合を作るので水とアルコールはなじみがよい．砂糖が水に溶けやすいのも同じ理由である．

コップに水を入れそこにオリーブ油を注ぐと，油は玉のように固まって筋状になるだけで混ざらない．これをかき混ぜると油は密度が小さいので上のほうに，水は密度が大きいので下のほうに集まっていき，放置すると2層に分かれる．この中に洗剤を加えてかき混ぜると牛乳みたいに白く濁って2つの層が1つになる．洗剤は界面活性剤とも呼ばれ，**図49**のように，分子内に親水基と疎水基を持っている．洗剤は，疎水基も親水基も一体なので，水と油の両方の性質を持つ．**図55**にあるように，界面活性剤の疎水基（棒の形）は油のほうを向き，親水基（丸い形）は水のほうを向いて，水と油の境界に並ぶ．この結果，水の中に油の小さい粒がたくさんできて牛乳みたいに白く濁る．このことを乳化（エマルジョン）と呼ぶ．食品に添加される界面活性剤は乳化によって成分が均一になるため，食感を良くするために用いられている．

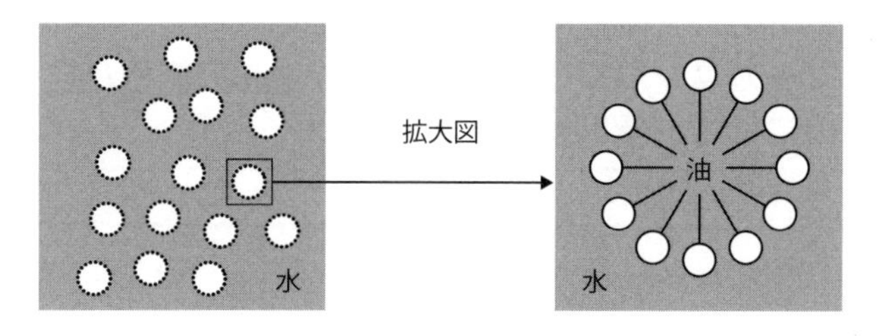

図 55　水中に分散した油の粒（乳化）

乳化した水と油は私たちの眼には一様な液体のように見えるが，光が異質な物質のところを進むとき，界面で反射や屈折が起こる．水と油とでは光の屈折率が違うために，界面で反射した光が私たちの眼に入る．そのとき，水と油の界面で可視光線の中で特定の波長の光を吸収しないので，全領域の波長の光が眼に入るから白く見える．

㋮㋣㋱　水と油が混ざらないのは，化学組成の違いに原因がある．水分子中の酸素原子はマイナスに水素原子はプラスに分極しているが，油は炭化水素を主体とした化合物で無極性である．分子の分極がある水と分極がない炭化水素とは相容れない性質を持つ．水と油を混ぜると２つの層に分かれるが，洗剤を加えて振ると白く濁って１つの層になる．

45話 マーガリンやマヨネーズは水分と油の成分が含まれているのになぜ一様に見えるか？

マーガリンもマヨネーズも水分と油の成分が含まれているのになぜ一様に見えるのだろうか？　食べ物には，水に溶けるものと溶けないもの（油の成分）とがある．「水と油の仲」というように，油は水に溶解しない．サラダドレッシングは，攪拌すると一時は油が油滴になって酢の中に分散するが，時間がたてばまた分離してしまう．しかし，食品の中には，水と油の成分をできるだけ混ぜて一様にしている場合が多くある．水と油とを一様にする作用を乳化といい，乳化してできたものをエマルジョンという．エマルジョンとなった食品は滑らかな食感を持つ．

牛乳は牛から絞ったとき水の中に油の成分が分散して一様な状態になっているが，マーガリンやマヨネーズでは界面活性剤を人工的に少量添加して水と油とが分離しないようにしている．牛乳，マーガリン，マヨネーズはエマルジョンの形になっているので均一に見える．化粧品の乳液もエマルジョンの一種である．乳化した水と油もエマルジョンである．マーガリンとマヨネーズも顕微鏡で見ると同じような形をしているのだろうか？

マーガリンの場合，油の中に水が細かい粒になって分散している．これを油中水滴型（W／O）エマルジョンという．**図 56** に油中水滴型（W／O）エマルジョンの模式図を示す．バターも同様の形態である．マーガリンやバターの場合，食用油分 80％以上，水分 17％以下のものにグリセリンに脂肪酸基が 1 つついたモノグリセリドやレシチンと呼ばれる界面活性剤を 0.4％程度添加して乳化する．これに食塩などを加えて製品になっている．モノグリセリドやレシチンなどの界面活性剤の親水性の部分が水滴を取り囲み，疎水性の部分が油脂と接している．

マヨネーズや生クリームの場合は，**図 55** のように，水の中に油が微粒子になって分散していて，水中油滴型（O／W）エマルジョンとなっている．マヨネーズや生クリームは水と油の関係がマーガリンやバターの逆になっている．マヨネーズの場合は，食用油分 75％，酢 11％を卵黄 9％とカラシ粉 0.6％で乳化し，食塩，砂糖，マスタードを加えて製品にする．この場合，卵黄中に含まれるレシチンとタンパク質が組み合わさって界面活性剤の作用をしている．この場合，界面活性剤のレシチンやタンパク質の疎水性の部分が油滴の周りを取り囲み，親水性の部分が水と接して，水の中で油滴が分散した安定したエマルジョンとなっている．

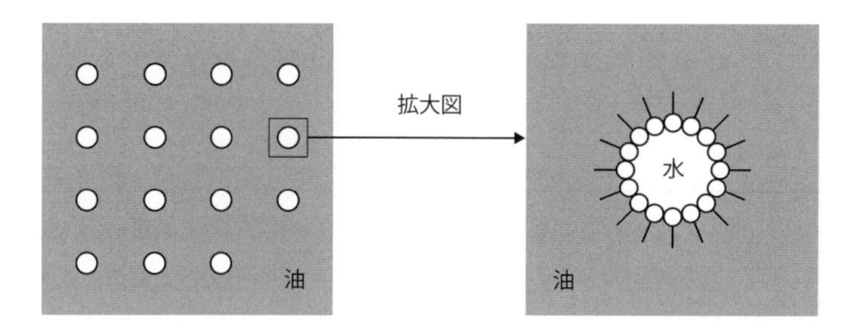

図 56　油中水滴型（W／O）エマルジョンの模式図

最近ではさらに W ／ O ／ W 型や O ／ W ／ O 型の複合エマルジョンも合成され，コーヒー用クリームや製菓用クリームなどに利用されている．

これらの場合，添加した界面活性剤を食べても大丈夫なのか気になる人もいるかもしれない．これについては食品衛生法という法律によって，食品に添加してよい界面活性剤は脂肪酸エステル類などに限られている．このほかに天然の界面活性剤として，卵，牛乳などが使われる．

まとめ　マーガリンやマヨネーズは人工的な食品で，界面活性剤を少量添加して，水と油とが一様になるように乳化している．一様にすることで食感をよくしている．牛乳，マヨネーズ，マーガリンは乳化した形になっているので均一に見える．牛乳とマヨネーズは，水の中に油が分散，マーガリンやバターは，油の中に水が分散する形で乳化している．

46話　すぐ消える泡と消えない泡は何が違うか？

川の流れに石などの障害物があると泡ができる．通常，それはすぐ消えてしまうが，ビールの泡は少し長持ちするし，洗濯の泡はなかなか消えない．また，洗濯の排水が河川に流れ込んで泡が消えにくくなるのが社会問題となることもある．

泡は液体の膜と気体からできている．泡の中の気体は普通は空気だが，炭酸飲料やビールの泡は二酸化炭素など液体中に溶けていた気体成分が出てきたものである．水の中の気泡は水に比べて密度が小さいので，浮力によって浮上し，水の表面に集まる．川のよどみに浮かぶ泡の集まりは合体したり壊れたりしている．泡をつくっている膜のことを液膜という．液膜をつくっている液体は，重力の作用で膜の下方に流れていくので，だんだん薄くなる．これを食い止める力がないときは，液膜はどんどん薄くなり，液膜は切れ，泡は壊れてしまう．

その液膜を強くする物質が界面活性剤（洗剤）である．洗剤は**図 49** のように，分子内に親水基と疎水基を持っている．アルキルベンゼンスルフォン酸ナトリウムは代表的な合成洗剤だが，アルキルベンゼンの部分は疎水基，スルホン酸ナトリウムの部分は親水基と呼ばれる．膜中の洗剤分子は**図 57** のように 2 分子が対になって配列して，安定した膜を作る．さらに，スルホン酸基はマイナスに，ナトリウムイオンはプラスに帯電している．こういう状態を電気二重層を作っているという．

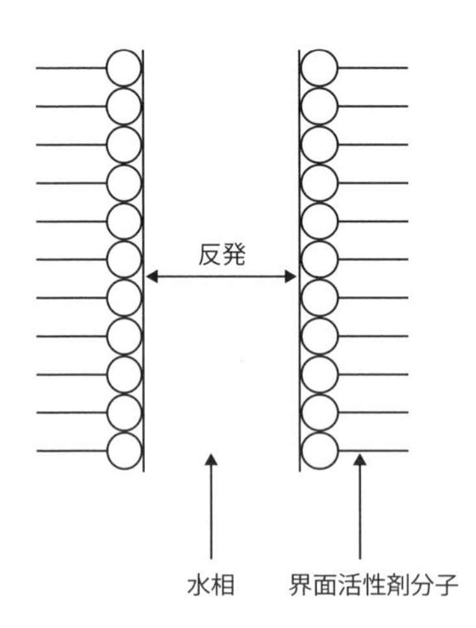

図 57　泡の発生時の界面活性剤の配列

図 57 で親水基の部分が 2 つ隣り合わせになっているが，その先端がプラスのナトリウムイオンなので反発し合っている．これは，膜が薄くなる程反発力が大きくなり膜がそれ以上薄くなるのを防ぐ効果がある．それが，洗濯の泡やシャボン玉がなかなか消えない理由である．そのような理由で，洗濯機が普及しはじめたころ，洗濯排水が川に流れて川が泡で覆われてしまう問題が発生した．その後，微生物で分解される合成洗剤の使用と下水処理場の普及により改善されている．

ビールの中には二酸化炭素がかなり溶け込んでいる．室温でびんや缶にビールを詰め込むために，約 2.5 気圧に加圧している．そのためビールの栓を抜くと勢いよく泡が吹き出してくる．この中で大きな泡は二酸化炭素に空気が混ざったもの，小さな泡は二酸化炭素からできている．ビールの中には，洗剤ほど強くはないが，ある種のタンパク質と糖類の組み合わせで界面活性剤的な作用を持つ成分があり，**図 57** のような膜構造になるため泡が安定化している．最初の一杯のビールを注ぐと泡が多いのは，グラスの温度が高いので二酸化炭素が多く出てくるためである．逆に，ビールを冷やし過ぎると泡が少ないのは，二酸化炭素が低温ほど溶ける量が多いので，気体になりにくいためである．

備前焼のコップにビールをつぐと泡立ちがよいという．備前焼は人工の釉薬を用いない焼き物で，表面には細かな凸凹がたくさんある．備前焼のコップにビールをつぐと，凹部の奥に残っていた空気が泡の核となって壁面に多数の泡を生成する．壁面についた泡は圧力によって潰されにくく，小さな泡同士が合体するとより安定な泡となる．そして泡が浮力によって液面まで上昇する過程で二酸化炭素を吸収して成長し，表面付近に多数の泡を形成する．

㋮㋣㋱　泡は液体の膜と気体からできている．泡の液膜をつくっている水は，重力の作用で下に流れて薄くなり，膜が破れて泡は壊れる．洗剤などの界面活性剤があると，膜中の洗剤分子は 2 分子が対になって配列して，安定した膜を作る．さらに膜の内側が電気的にプラスに帯電するので，プラス同士が反発して膜が薄くなるのを防ぐ効果がある．

コラム

オフセット印刷における水の濡れの応用

印刷は「版」によって行う．「版」は印刷インクをのせて紙などに転写するためのものである．この「版」にはインクの「つく部分」と「つかない部分」とがあり，版画と同じ原理である．

オフセット印刷は，凹凸のない刷版についたインクをブランケットと呼ばれる樹脂やゴム製のローラーにいったん転写し，そのブランケットを介して印刷用紙に刷る方法である．版と用紙が直接触れない印刷方式なので，「オフセット」という名がついている．修正，加工がしやすく経済的で，雑誌・辞書の本文，ポスター，グラビア，包装紙など最も多く用いられている．オフセット印刷は，水の濡れを応用した技術だと言われている．

印刷技術では，印刷部分と非印刷部分との境界を明確にすることが大切である．そうでないと，字や絵がにじんでしまう．オフセット印刷では，**図 58** に示すように，「版」の印刷部分（字や絵のあるところ）を疎水性にし，非印刷部分を親水性にしておく．印刷部分も非印刷部分も厚さ数 μm と薄いので平板にしか見えない．始めに水ローラーで「版」を水に濡らすが，印刷部分は疎水性だから水に濡れない．次に，印刷インクをインクローラーによって版面に接触させると，油性のインクは疎水面（字や絵のあるところ）に付くが，それ以外のところは水に濡れているため付かない．この版をブランケット胴に転写して，別のローラーで紙に押し付けると紙に字や絵が印刷される．

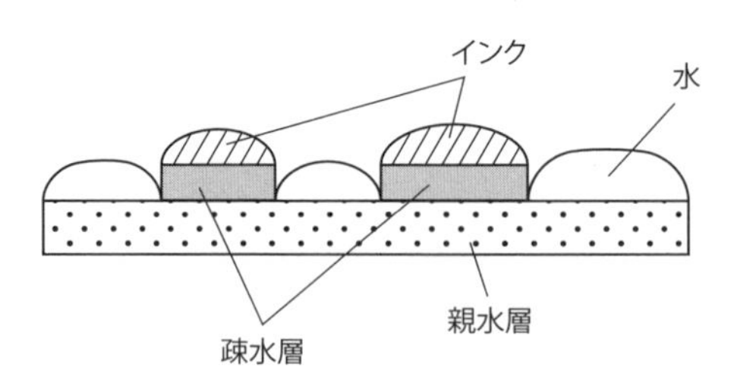

図 58　オフセット印刷の原理

第9章 水に溶ける

油やプラスチックを例外として水はほとんどの物質を溶かす．それはなぜなのか，どういう条件ならばより溶けやすくなるのか，溶けた結果どういう作用をおよぼすのか，生物は水に溶けるという現象をどのように利用しているのかについて考える．

47 話　塩を水の中に入れるとなぜ見えなくなるか？

塩は白く見えるが，なぜ白く見えるのだろうか？　食塩は Na^+ イオンと Cl^- イオンが静電的に結合して NaCl 構造と呼ばれる構造を作る．単結晶の食塩は透明である．通常の食塩は**図 59** に示すように多結晶でできている．光が食塩に当ると，粒の表面や結晶粒や粒界で反射し，私たちの眼まで届いて白く見える．塩が白く見えるのは砂糖や雪が白く見えるのと同じ理由である．

塩を水の中に入れると見えなくなるが，簡単にいうと，食塩が水に溶けたということである．水に溶けるということは，溶けたイオンや分子が均一に水の中に分散することである．食塩のイオンが人間の眼の分解能（～数 μm 程度）より小さいレベルで均一に分散していたらもはやそれは見えなくなる．

溶けた食塩は**図 60** に示すように，水の分子が Na^+ イオンと Cl^- イオンにそれぞれ弱く結合して Na^+ イオンと Cl^- イオンを引き離す役割りをする．**図 60** で水の

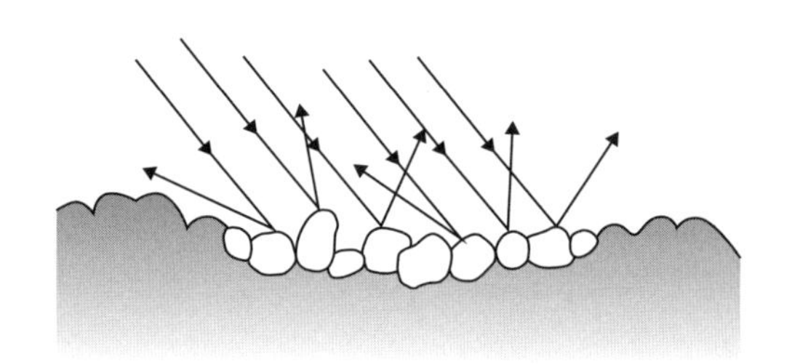

図 59　NaCl の小さな結晶粒が多数集まった様子と光の反射

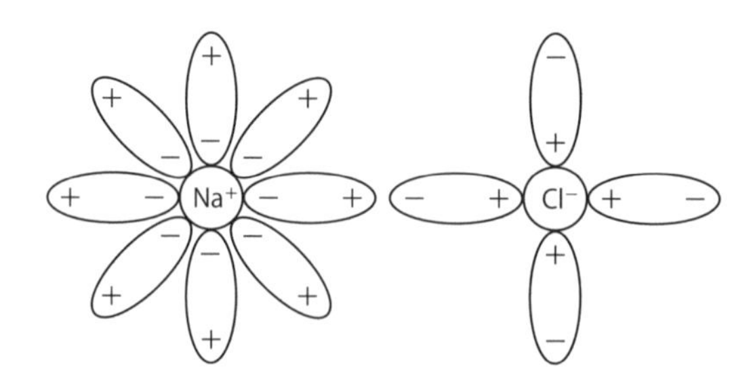

図 60　水中での Na^+ イオンと Cl^- イオン

分子H_2Oは＋と－の対で示されているが，＋はややプラスに分極した水素の部分，－はややマイナスに分極した酸素の部分を示している．水分子に陽イオンが近づくと，**図60**に示すようにマイナス電荷の部分を向けて配向し，逆に陰イオンが近づくと，水分子はプラス電荷の部分を向けて配向する．これは，水の分子が分極しやすい性質を持っているためである．**図60**に示すNa^+イオンとCl^-イオンに水が結合したものの大きさは，1 nm以下で，人間の眼で見える限界よりもはるかに小さいので食塩が溶けたらもう見えない．砂糖も水に溶けるが，砂糖はイオンの形ではなく，分子の形で水の中に溶ける．

図61　食塩の状態ではNa^+イオンとCl^-イオンがくっついて幸せであったが，水に入れるとH_2O分子が邪魔をして両者を引き離す

まとめ　塩は白く見えるのは多結晶で各粒の表面で光が乱反射するからである．食塩を水の中に入れると見えなくなるのは，食塩のNa^+イオンとCl^-イオンが1 nm以下の大きさで均一に水の中に分散するからである．そのとき，水の分子がNa^+イオンとCl^-イオンにそれぞれ弱く結合してNa^+イオンとCl^-イオンを引き離す役割りをする．

48話　水はなぜいろいろな物質を溶かすか？

水はたくさんの物質を溶かしている．海水には，60種類以上の元素が溶けていると言われている．水はどうしていろいろな物質を溶かすことができるのだろうか？

「しかし，水は鉄や岩石を溶かすことはできないじゃないか」と考える人がいるかも知れない．ところが，水は鉄や岩石をも溶かすことができる．岩石はもともと金属イオンと酸素イオンが結合した酸化物になっていることが多いが，Si^{4+}，Ca^{2+}，Mg^{2+}，K^{+}，Na^{+}，Fe^{2+}などのイオンなどになって水の中に溶け込む．溶ける量が少ないので溶けないように思えるが，実際は溶けている．水が海などから水蒸気となって蒸発し，雨となって降ってくるときはほとんど真水である．水が山や谷川を下り土に浸み込むときに，岩や土を溶かしミネラル（鉱物）を含む．ミネラルを適量含むことでおいしい飲料水ができあがる．日本では雨量が多く陸地が広くないので，水の成分にはミネラル成分が少なく軟水だが，外国の川は長い大陸の間を流れるので，ミネラルが多過ぎる水（硬水）となる．

水分子は水素2原子と酸素1原子からなり，酸素原子は不対電子を持っているため電子が過剰気味で，水素原子のほうは，電子が不足気味になっている．水分子中の酸素原子はマイナスの電荷を，水素原子はプラスの電荷を持つことになる．こういう状態を分子の分極，分極を持った分子には極性があるという．水分子が分極していることで，水はイオンになりやすい物質を溶かすことができる．ほとんどの

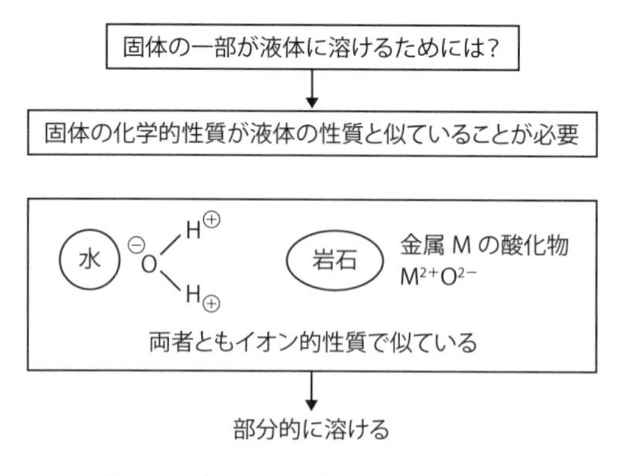

図62　岩石でも水に一部溶ける理由

金属は，イオンになりやすいので量の多少はあれ，水に溶ける．特に酸性の水には溶けやすくなる金属が多くなる．水に溶けない金属といえば，金や白金などの貴金属ぐらいである．金や白金は濃硝酸と濃塩酸を1対3の比率で混ぜあわせた液（王水）にしか溶けない．

油も水にはどうしても溶けない．油は第8章で述べたように，主として炭化水素からできている．炭化水素は分子の分極がなく無極性である．分子の分極がある水と分子の分極がない炭化水素とは相容れないため溶けない．しかし，親水性の基と疎水性の基を持つ界面活性剤があると，牛乳やマーガリンのように水の中に油，または油の中に水が一様に混ざる．

人間など動物の身体は，水が60％以上で，なおかつ脂質やタンパク質などの油の成分がかなり含まれている．その場合，タンパク質や脂質の分子にOH基，COOH基，NH_2基，CO-NH基などの親水性の基があることによって，水とのなじみがよくなっている．人間はデンプン，タンパク質，脂肪などを食物として摂取している．これらは水に溶けないが，消化によって，それぞれブドウ糖，アミノ酸，脂肪酸とグリセリンに分解して水に溶ける形にしている．それらは，血液中に溶け込んで体内の各組織に運ばれ，エネルギーとして利用したり，体内でタンパク質や脂質などに再構成する．それだけでなく，人間は意識的であるかどうかを問わず，鉄やカルシウムなどの無機質成分を摂取している．その場合，鉄やカルシウムなどの無機質が水に溶けるので，血液中に溶け込んで体内の各組織に運ばれ，利用される．例えば，鉄は血液中にヘモグロビンとして溶け込み，呼吸によって取り込んだ酸素を体内の各組織に運ぶ重要な役目をしている．動物の身体は，タンパク質，脂質，無機物質を水に溶ける形に変えてうまく使いこなしている．

植物は根から必要な栄養素を吸収している．タンパク質や核酸は主な構成要素である炭素，酸素，水素に加えチッ素やリンを含んでいる．植物はチッソ，リン，カリウムに加え，鉄やマグネシウムなどの必要な栄養素を根から溶液の形で吸収し，体内で呼吸によって得られたエネルギーを使ってタンパク質などに合成している．

まとめ　水分子が酸素がマイナスに水素がプラスになりやすいので，水はイオンになりやすい物質を溶かすことができる．岩石や金属は部分的にイオンになるので水に少し溶ける．人間はデンプン，タンパク質，脂肪など水に溶けない成分を食物として摂取しているが，消化によってそれらを血液に溶ける形にして利用している．

49 話　氷に塩をかけるとなぜ温度が下がるか？

手作りアイスクリームを作るのに，氷に塩をかけて冷やすことがある．低温を得るために氷に塩を混ぜることが時々行われている．氷に塩をまぜるとなぜそんなに温度が下がるのだろうか？

冷凍庫でつくった氷を割ってそこに塩をたっぷりかけたとする．冷凍庫でつくったばかりの氷の温度は－ 20 ℃ くらいだが，氷の表面は，室温にさらされているから表面がわずかに溶ける．そこに塩が触れるから溶けた水に塩が溶ける．塩が水に溶けるときには周囲から熱を吸収するからこれでまず温度が下がる．ここで，塩が水に溶けるときになぜ周囲から熱を吸収するのだろうか？　前にも述べたように，塩は Na^{+}イオンと Cl^{-}イオンからなる結晶を作っている．一方，水は水素結合で分子同士が結合している．塩が水に溶けるということは，水の水素結合を壊して Na^{+}イオンと Cl^{-}イオンが水分子の中に割り込むということである．水と塩が別々にあったほうが塩が水に溶けた状態に比べてエネルギー的に安定なので，塩の各イオンが水分子に割り込むためにエネルギーが要る．そのエネルギーを周りから奪うことで熱の吸収が起こる．もっとも熱の吸収量は 1 g 当たり約 220 J とそれほど大きな量ではないのだが．

塩が水に溶けるときの熱の吸収がそれほど大きな量でないとすると，どうしてそんなに温度が下がるのだろうか？　これにはもう 1 つ大きな原因がある．氷の表面で水に塩が溶けると水の融点が低くなる．そうすると氷は融点が低くなるのでさらに溶ける．氷が溶けるときは熱を発生するだろうか，それとも吸収するだろうか？その答えは，氷を溶かすときは暖めないといけないことから分かるように，熱を吸収する．氷が溶けるときは 1 g につき約 334 J も熱（融解熱）を周囲から吸収する．そうすると温度が下がるが，融点が下がるのでまた塩が溶ける．そのときにまた熱の吸収（溶解熱）が起こり水の融点がまた下がる．それでまた氷が溶けるというサイクルを繰り返して熱の吸収が起こり温度が下がる．**図 63** に氷に塩をかけると温度が下がる理由を示した．結局，氷に塩をかけると温度が下がるのは，融解熱と溶解熱を周囲から奪う効果だといえる．

それでは，氷に塩をかけるとどこまでも温度が下がるのだろうか？　どこまで温度が下がるかは物質によって明確に決まっている．塩が水に溶ける場合は－ 21.3 ℃ が限界の温度である．－ 21.3 ℃ 以下では，塩水は食塩と氷の結晶に分

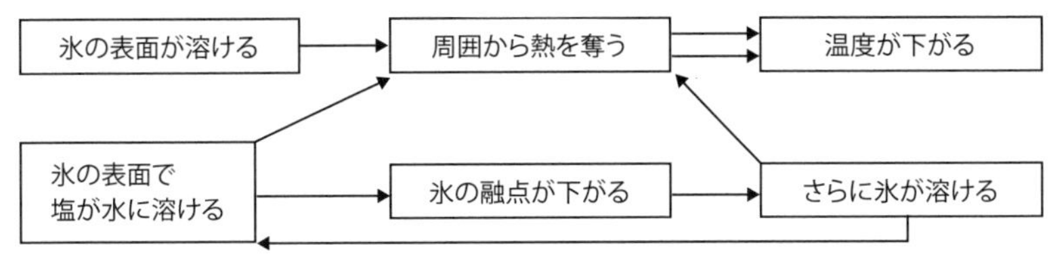

図 63　氷に塩をかけると温度が下がる理由

離する．北極や南極の氷が塩辛くないのはそのためである．

冬に道路に雪が積り始めると，スリップ事故を防ぐために融氷雪剤として塩が利用される．その理由は，塩が溶けることにより，降り積もった雪（氷）の融点が下がって溶けることを利用している．実際には，塩化カルシウム（$CaCl_2$）のほうが融雪効果がよいので主として使われている．融氷雪剤は 1 mm 程度の顆粒状にして散布される．10 分程度で融雪効果があるという．

まとめ　氷を砕いて塩をかけると，氷の表面でわずかに溶けてできた水に塩が溶ける．そのとき溶解熱を 1 g 当たり約 220 J 吸収するので温度が下がる．氷の表面で塩が溶けると氷の融点が下がるのでさらに氷が溶ける．氷が溶けるときは融解熱を 1 g につき約 334 J 吸収するのでさらに温度が下がる．塩が水に溶けるとき最低 − 21.3 ℃となる．

50 話　アイスコーヒーに入れた砂糖はなぜ溶けにくいか？

アイスコーヒーには普通の砂糖は使わないで，砂糖を水で煮て溶かした液体状のシロップを使うことが多い．砂糖の分子は，**図 64** に示したように，OH 基を分子内にいくつか持っている．OH 基は水の成分と似ているので，砂糖の分子の間に水の分子が入り込みやすい．水の分子が入り込むと砂糖の分子は互いに離れるので，溶ける．

塩と砂糖は溶けるものがイオンと分子という違いはあるが，両方ともイオンや分子の間に水分子が入り込んで溶けるという点で共通している．砂糖と食塩の溶解度の温度に対する変化を**図 65** に示した．食塩のほうは温度に対してほとんど変化しないが，砂糖のほうが温度変化が非常に大きいことを示している．したがって，冷たくしたら砂糖は溶けにくいことを示している．

砂糖の分子は**図 64** に示したように，炭化水素を骨格として環状の構造をしていて OH 基を分子内にいくつか持っている．ここで温度を上げたら分子の動きが激しくなって環状の構造が広がる．そうすると水の分子が環状の隙間や周囲に入って，**図 65** にあるように砂糖の溶解度が大きくなる．逆に，温度を下げると砂糖分子の環状の構造の隙間が小さいから水分子があまり入れない．低温だと砂糖分子の動きが小さいので，砂糖分子の間に水分子が少なくなり砂糖の分子同士がくっついてしまう．ということは，低温では砂糖の溶解度が小さいということになる．

アイスコーヒー用のガムシロップは，お湯の中にグラニュー糖を溶かして作ったものなので水に溶けやすくなっている．グラニュー糖は，結晶粒が大きくクセのな

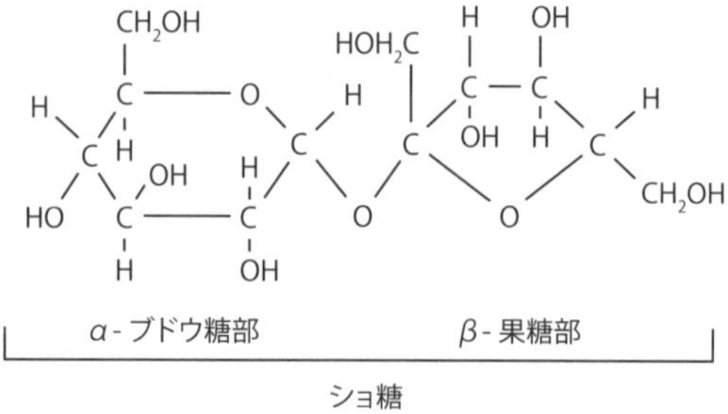

α-ブドウ糖部　β-果糖部

ショ糖

図 64　砂糖（ガラクトース）の分子構造

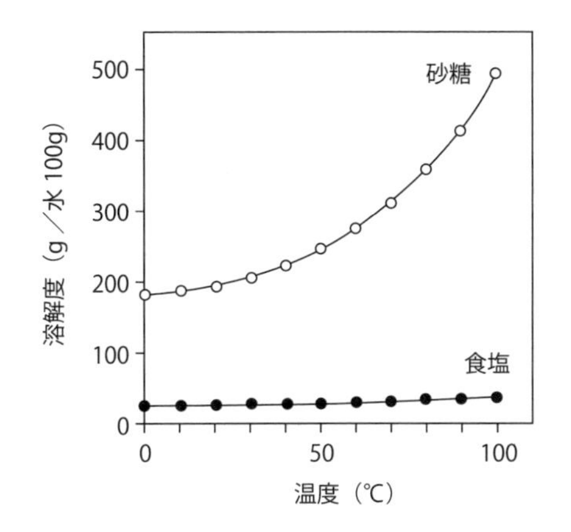

図 65　砂糖と食塩の溶解度の温度に対する変化

いすっきりとした甘さを持ち，コーヒーや紅茶に適している．ただし，アイスコーヒーに用いる場合には，下に沈殿してしまうため，しっかりとかき混ぜる必要がある．上白糖は，結晶が細かく転化糖（ブドウ糖と果糖）が含まれているため，グラニュー糖よりも溶けやすい．コクのある甘みなので，料理用に適している．アイスコーヒーに入れる際は，やはりよくかき混ぜる必要がある．

ホットコーヒー用の砂糖には普通グラニュー糖が使われる．最も一般的な上白糖よりも結晶が大きくサラサラした感じで，クセのない淡泊な甘さを持っている．コーヒーシュガーと呼ばれるものは，粒が大きく茶褐色で氷砂糖の仲間である．氷砂糖にカラメル溶液を加えて茶褐色にしたもので，ゆっくり溶けるので甘さの変化を楽しむことができる．

㋮㋣㋱　食塩の溶解度は温度に対してあまり変化しないが，砂糖は温度の上昇とともに溶解度が大きくなる．砂糖の分子は環状の構造で OH 基を持っているので水に溶ける．温度が高いと分子の動きが激しく環状の構造が広がるので水分子が隙間に入って砂糖が溶けやすいが，温度が低いと水分子が入る隙間が小さく砂糖分子同士がくっつくので溶けにくい．

51話　水があると鉄はなぜさびやすいか？

金属がさびるということは，酸化されることである．鉄という金属は酸化されやすい性質を持っている．鉄は自然の状態では水や空気が存在するので酸化されてしまう．では私たちが日常見る鉄はどうして鉄のままでおられるのだろうか？　鉄は人間が人工的に高温でコークス（C）で鉄鉱石（酸化鉄）を無理やり還元して作ったものである．それが鉄のままでおられるのは，酸化する速度が遅いだけなのである．鉄の酸化反応は，空気中では

$$2Fe + (3/2)O_2 = Fe_2O_3 \tag{5}$$

となるはずである．この反応生成物 Fe_2O_3 はヘマタイトといい，赤褐色を示す．しかし，実際には，室温では反応の速度が遅く，上式はなかなか進まない．これが例えば800℃以上の高温では，式(5)の反応などが進みいろいろな酸化物が生成する．室温では酸素の直説酸化反応は非常に遅いが，水があるとさびが進行しやすくなる．水の存在下では鉄が

$$Fe = Fe^{2+} + 2e^- \tag{6}$$

の反応によって Fe^{2+}（鉄のイオン）となって溶解する．これも鉄が酸化されたという．さらに Fe^{2+}が

$$1/2\,O_2 + H_2O + 2e^- = 2\,OH^- \tag{7}$$

の反応によって生成した OH^-と結びついて，$Fe(OH)_2$ が生成する．これは緑色をしているが，これはすぐに酸化してしまうのであまり見ることはない．さらに酸化が進むと FeOOH（ゲーサイト），Fe_3O_4（マグネタイト，黒色）などの化合物を作り出し，さびの反応が進む．ゲーサイトには３種類が知られ，チョコレート色，赤褐色，黄褐色をしている．ゲーサイトとマグネタイトがさびの主成分である．

室温近くの温度では，さびの反応は水の存在下で進行するが，これは鉄が水溶液中で，Fe^{2+}イオンになりやすい傾向（イオン化傾向）が寄与している．Fe^{2+}イオンの安定性は pH の低い酸性の条件で大きくなるので，鉄は酸性の条件でよりさびやすくなる．酸性の条件では鉄は Fe^{2+}イオンとなって溶け出し，鉄はやせ細っていく．その際，水中の H^+は鉄から電子を受けとって水素ガスを発生する．それは

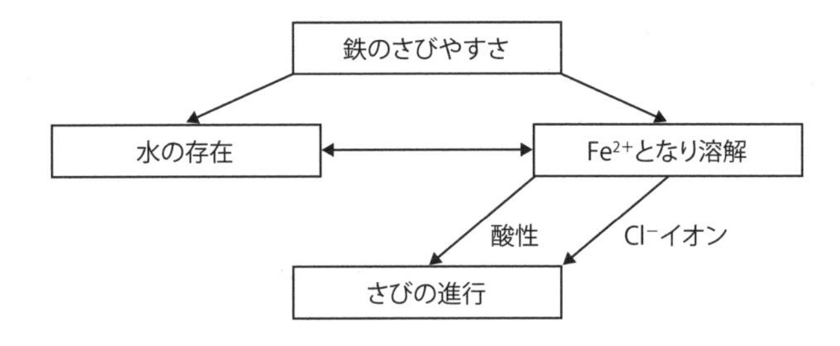

図 66　鉄のさびが進行する条件

鉄のイオン化傾向が水素に比べて大きいからである．

また鉄は塩分があると，塩素イオン（Cl^-）により，強い腐食作用を受ける．これによって錆が激しく進行し，やがては貫通してしまう．これには２つの要因があり，塩素イオン存在下では Cl^- が配位することで鉄イオンが安定化され，酸化されやすくなることが１つである．また，塩素イオンの存在により酸化鉄の水への溶解度が上がるために不動態皮膜が破壊される，つまり，錆が取り除かれることによりよけいに錆びる，ということが２つ目として挙げられる．

近年，道路や橋などの経年劣化による事故が懸念されるようになってきた．その中でもコンクリート中に水がしみ込むことによる鉄筋の腐食による劣化が大きな問題とされている．特に，雪の多い地方では，道路に融雪剤（NaCl や $CaCl_2$）を使用した結果，塩素イオンの強い腐食作用による鉄筋の劣化が問題となっている．

ⓜⓣⓜ まとめ　金属がさびるということは酸化されることである．鉄は酸化されやすいが，室温では酸化の速度が遅くさびないように見える．水があると鉄は Fe^{2+} になって溶けさびの反応が比較的速く起こる．水が関与したさびの反応により，空気中の酸素と反応して酸化物が生成する．塩分が近くにあると鉄は塩素イオンの作用によりさびがより速く進行する．

溶解度

固体の水への溶解度は固体の成分が水溶液中で安定に存在できる度合いで決まる．

例えば，NaCl 中の Na^{+}イオンが水溶液中で安定に存在するので溶解度は大きいが，AgCl 中の Ag^{+}イオンが水溶液中で安定でないので溶解度は小さい．NaCl と $MgCl_2$ は溶解度はいずれも大きく，海水中の主要な成分である．$CaCO_3$，MgO，SiO_2 は岩石の成分であるが，溶解度は大きいとはいえないものの一定程度あり，水中に含まれるミネラル成分となっている．酸素の水への溶解度は微量ではあるが，水中に溶けた酸素を取り入れて魚など多くの水中動物は呼吸をしている．二酸化炭素の溶解度は酸素に比べてかなり大きいが，これは HCO_3^{-}イオンが水中でかなり安定なためである．このため，海水中には大量の二酸化炭素が溶けている．

表 6　各種物質の溶解度（20℃において水 100g 中に溶けた物質のグラム数）

物　質	溶解度	物　質	溶解度
NaCl	35.89	$CaCO_3$	0.0014
$MgCl_2$	54.6	SiO_2	0.012
AgCl	0.00019	O_2	0.00091
MgO	0.0086	CO_2	0.178

第 10 章 暮らしと水

私たちの暮らしの中で水は貴重で，飲料水，料理，掃除，洗濯，トイレ，風呂などに水がないとたちまち困る．私たちは，繊維や紙にある親水性成分への水の吸着と脱離，適度な温度での蒸発など水特有の性質を暮らしに利用している．

52 話　ぞうきんで拭くとなぜ汚れが落ちるか？

日常生活から出るちりやホコリは，土ホコリ，繊維，紙，毛髪，食物など種々雑多なものからなっている．これらは，戸外から風で運ばれてくるもの，人体に付着してくるもの，人々の動きによって着衣などから落ちるもの，仕事や家事などによる材料くず，食物くずなどいろいろな経路によって運ばれてくる．これらのちりやホコリによる床や家具などに対する汚れには，通常水で絞ったぞうきんが使われる．ぞうきんで拭くとなぜ汚れが落ちるのだろうか？

水で絞ったぞうきんで床や家具などを拭くと，水が床や家具の表面に薄く広がる．多くの場合，床や家具は木材でできている．木材の主成分はセルロースで OH 基を含んでいて水とのなじみがよいので水が表面に広がりやすい．また金属やセラミックスも木材ほどではないにしろ水とのなじみがあるので表面に広がる．水が表面に広がると，水が汚れの部分にまで届く．これが，水で絞ったぞうきんを用いる第 1 の理由である．

水で絞ったぞうきんを用いる第 2 の理由は，主な汚れの成分が水とのなじみがよいことである．土ホコリは吸水性のものが多く，繊維，紙などはセルロースを含んでいるので水とのなじみがよく，食物は水とのなじみがよいものが多い．汚れの成分が水とのなじみがよいと，汚れが水とくっつく力が生ずる．一方，ぞうきんは木綿などの繊維からできているので，繊維と水とが水素結合などを通してくっついている．つまり，汚れとぞうきんとが水を介してくっつくので，汚れがぞうきんについて汚れが取れる．

図 67　ぞうきんで水を床に薄く広げ汚れの成分とくっつけて汚れを取る

近年，ぞうきんがけではなく掃除機やモップなどを使った掃除が多くなった．しかし，よりキレイにするには，ぞうきんがけのほうが良いようだ．掃除機の場合はホコリやチリを取ってくれるが，床を磨きあげてくれるわけではない．また，ぞうきんがけは低い姿勢で行うので，部屋の隅々までを見ることができる．掃除機などでは床の細かいところまで気づきにくい．

汚れの中には水で絞った雑巾だけでは取りきれないものも多くある．例えば，キッチンの床は飛んだ油分による汚れを放置すると取れにくくなる．普段から中性洗剤を含ませ，お湯でかたく絞った雑巾で拭き掃除するとよい．この中性洗剤は，食器洗い洗剤を薄めたもので充分である．

汚れの成分によっては，さらに汚れが落ちにくい場合がある．その例として，油，ペンキ，チューインガムなどがある．これらは，いずれも疎水性の物質で水とのなじみが悪いものである．これらの汚れを取るためには，通常，ベンジン，シンナーなどの有機溶剤で拭き取る．場合によっては，洗剤でよく洗ってから水洗いする．衣類へのチューインガムのシミは，とてもやっかいなものである．チューインガムのシミは，まずポリ袋に氷を入れ，シミの部分を冷やす．冷やすことでチューインガムが固まり，剥がしやすくなる．力任せに取り除こうとすると生地にスレやキズが発生するので，ゆっくり丁寧にチューインガムを剥がす．残ったチューインガムのシミ部分には，ガムテープの粘着部分をチューインガムのシミに当て，数回以上繰り返し取り除く．残ったシミ部分に洗剤をつけ，手で摘み洗いをし，残ったガムを取り除く．その後，シミ部分を軽く水ですすぐ．

まとめ　水で絞ったぞうきんで床や家具などを拭くと，水が床や家具の表面に薄く広がり，水が汚れの部分にまで届く．土ホコリ，繊維，紙，食物など汚れの成分は水とのなじみがよい．ぞうきんも木綿などの繊維からできているので，水とのなじみがよい．汚れとぞうきんとが水を介してくっつくので，汚れがぞうきんについて汚れが取れる．

53話 洗剤で洗濯するとなぜ汚れが落ちるか？

衣類の汚れの成分の3/4は油汚れ，あとはスス，砂などの無機質，皮膚の剥離物，汗，血液，よだれ，飲食物などのタンパク質がある．主として油の成分が繊維の表面にこびりついている．もし洗濯機で洗濯物を水中で回転させるだけで洗剤を入れなかったら，水と汚れの成分は混ざりにくいので汚れが落ちにくい．

洗剤は界面活性剤の代表的なものである．界面活性剤は**図49**に示したように，親水基と疎水基を持っている．洗剤は界面活性剤の持つ浸透作用，乳化作用，分散作用によって汚れを落とす．

洗剤は親水基を持っているために水に溶解する．洗剤の水への溶解能力は疎水基の長さが短いほど，また温度が高いほど大きい．洗剤が水に溶けることによって水分子の間に割って入ることになり，水同士の分子間結合を切り，水の表面張力を低下させる．また，水に濡れにくいウールなどの繊維を水の中に入れても，繊維の中に水はなかなか入らないが，界面活性剤を加えると，界面張力が下がり，繊維の表面と界面活性剤溶液がなじみやすくなるため，繊維の中に水は簡単に入っていく．この浸透作用で洗剤が汚れの部分にまで浸透することになる．

洗剤が汚れのところまで行ったとしてもどうやって汚れを繊維から引き離すのだろうか？　汚れは主として油の成分で，洗剤の分子の中の疎水基も油の成分でできているので仲がよい．それで**図68**のように，洗剤の疎水基の部分が汚れの部分を取り囲むことになる．このように油の成分を界面活性剤が取り囲んでできたものを

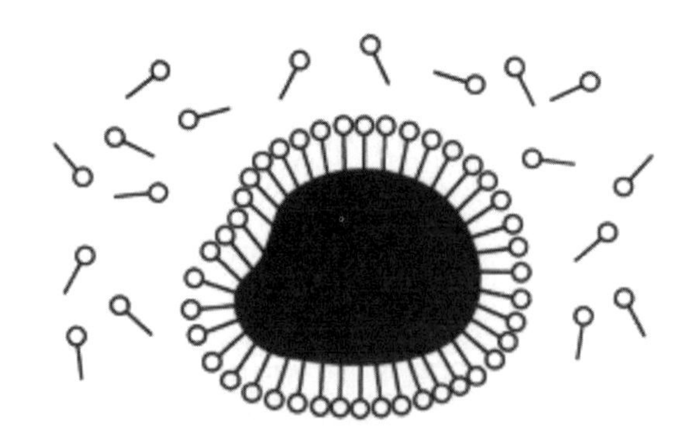

図68　洗剤の疎水基の部分が汚れの部分を取り囲んだミセル

ミセルといい，ミセル形成による汚れを包み込む作用を乳化作用という．ミセルは親水基を外側に並べているので水に分散しやすくなっており（分散作用），さらに洗濯機の力で洗濯物を水中で回転させるので，ミセルは繊維から離れ，水中に移動するので汚れは落ちる．いったん水中に分散した汚れは，ミセルを形成しているので，繊維に再付着することはない．

洗剤の健康に対する影響が懸念される向きもある．しかし，現在使用されている洗剤は，肝臓で分解できるものが多く，分解できない分は体外に排出される．日常の生活において洗剤による健康被害を受けることはほぼないといえる．

一時は,合成洗剤を使い過ぎると河川の汚染を起こすという話しがよく聞かれた．最近は，牛脂，やし油などの天然油脂が枯渇しつつあることもあって，石油製品から作った合成洗剤が多くを占めている．中でもアルキルベンゼンスルホンサンソーダ（ABS）系の洗剤が多く用いられてきた．ABS 系の洗剤は排水中に生息する微生物によって分解されにくく（これを生分解性が低いという），河川の発泡を助長するとともに，含まれているリンが河川の豊栄養化をもたらし，藻類が繁殖して溶存酸素が減少し，河川の自然浄化能力を低下させる．その対策として，枝分かれ構造を持ったアルキル鎖の ABS 系洗剤は生分解性が低いため，最近では生分解性が高い直鎖状のアルキル鎖の ABS（LAS）にほぼ 100 % 置き代わっている．また，最近ではほぼ 100 % 無リン化されている．

㋮㋣㋱　洗剤は，浸透作用，乳化作用，分散作用によって汚れを落す．洗剤が水に溶けて水の分子間結合を切り，表面張力を低下させ，洗剤が汚れにまで浸透する．洗剤分子の中の疎水基の部分が汚れを取り囲みミセルをつくって乳化する．ミセルは水に溶けやすく，洗濯機の回転も手伝って繊維から離れ，水中に分散するので汚れは落ちる．

54話　洗濯ものの脱水性能が繊維の種類によって違うのはなぜか？

洗濯機の脱水装置で脱水するとポリエステルのような合成繊維は乾きがいいが，木綿などではほとんど乾かない．これはなぜだろうか？

洗濯機の脱水装置では回転による遠心力を利用して水に力をかけて水を飛ばそうとする．水にかかる遠心力は洗濯機では数気圧の大きさである．数気圧の大きさでは，ポリエステルのような合成繊維は結構乾くが，木綿などでは表面の水がある程度取れるだけで，ほとんど乾かない．木綿の繊維は細胞壁からできていて，セルロースの微少繊維が細かく縦に並んでいる．微少繊維の繊維と繊維の隙間は 0.1 μm 以下で，なおかつセルロースには OH 基がたくさんついていて（**図 73** 参照）水となじみが非常によい（親水性）ので隙間に水が入る．また，水と OH 基との間には引力が働いている．繊維と繊維の間に働く毛管力は 30 気圧以上という計算になるのでこれ以上の力をかけないと水は飛んで行かない．

一方，ポリエステルのような合成繊維では，結晶化度が高く結晶の部分では隙間がほとんどないので，水分子は中にほとんど入らない．非晶質の部分には空間があるので水分子が入ることができ，C＝O や－O－の基があるので水を含む力はあるが，セルロースのように強い水素結合を作らないので，ポリエステルと水分子をつなぐ力が弱い．それでポリエステルについた水はとれやすく，数気圧の力で水が飛んでしまう．ポリエステルは結晶化度が高いので，乾きやすくしわになりにくいのが特徴である．

では，木綿の洗濯物でも日光の当るところに干すと乾くのはなぜだろうか？　水の蒸発による圧力は第 14 章の式（10）で計算すると，洗濯物の周辺の温度が

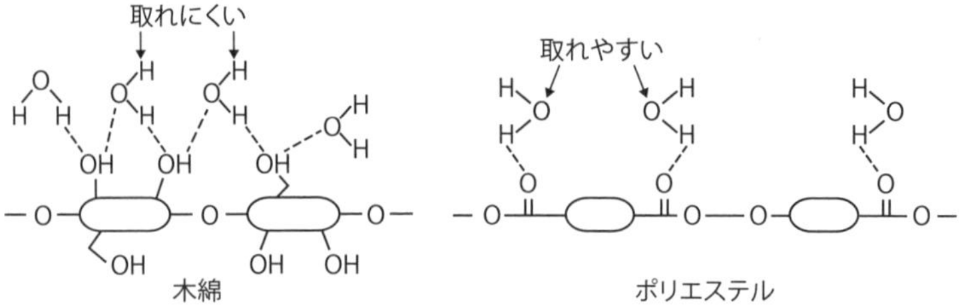

図 69　木綿とポリエステルの非晶質部における脱水性の違い

25 ℃ で湿度が 90 % として 150 気圧の力で水を飛ばすことができる．風が吹いておれば洗濯物の周辺の湿度が低くなり，温度が高ければさらに水を飛ばす力が増え洗濯物がさらに乾きやすくなる．セルロース繊維の隙間は 0.1 μm 以下と述べたが，最小の隙間は 0.005 μm と見積もられている．セルロースのような親水性の材質ではこのような小さな隙間に入った水を抜くには相当の力を必要とする．計算では 580 気圧の力を必要とする．この力は 25 ℃で相対湿度 66 % で蒸発する力に相当する．このような条件は，晴れた日の太陽光の当たる場所では比較的容易に得ることができる．

バイオリンなどの楽器を製作するときは，なるべく乾いた板が必要であるといわれる．その場合，セルロース繊維の非常に小さい隙間に入った水を取り除く必要があると考えられる．ヨーロッパや中央アジアでは湿度が低いのでバイオリンなどの楽器を作りやすい．外国で買ったバイオリンが日本の梅雨どきに調子が悪くなるのは，セルロース繊維の非常に小さい隙間に入った水のいたずらと考えられる．

ⓂⓉⓂ（まとめ）　木綿はセルロースの微少繊維が細かく並んでいて隙間は 0.1 μm 以下で，隙間に水が入る．ポリエステルのような合成繊維では結晶部に水が入らず，非晶部では水が入るが繊維との結合が弱い．洗濯機の脱水装置による数気圧の遠心力では，ポリエステルのような合成繊維は結構乾く．木綿では繊維の隙間に働く毛管力が強く，30 気圧以上の力でないと水は飛ばない．

55話 アイロンをかけるときなぜ水をスプレーするか？

アイロンは，洗濯した後に衣類のしわを伸ばして平滑な面をつくり，ズボンの折り目をつけるときなどに使う．衣類は木綿などの天然繊維とポリエステルなどの合成繊維からなっている．繊維は細長い線状の高分子でできている．ワイシャツやズボンなどは使ったり洗濯するとしわができるが，しわを拡大して見ると**図 70**（a）のように線状の高分子がねじれてからまりあった状態で水素結合した状態になっている．**図 70** では水素結合が縦の線で表示されている．アイロンをかけるということは，このねじれてからまりあった線状の高分子の集団をほぐしてなるべく真直ぐにするとか，人間が思う方向に高分子を整列させようとすることである．

アイロンをかけるとき水をスプレーするのは，ねじれてからまりあった線状の高分子の集団をほぐすためである．繊維は主鎖が炭化水素からできているが，ところどころに水となじみのよい OH 基，NH 基，CO 基などの親水性の基がある．水をスプレーすると，繊維は水となじみがよいので毛管現象で水が繊維のすみずみに行き渡り，ねじれてからまりあった線状の高分子のところまで到着する．ねじれてからまりあった線状の高分子の間には水素結合でしっかりと結び合っているところがあるが，水は**図 70**（b）に示すようにそこに入り込んで水素結合を部分的に切り，高分子全体をほぐす．

高分子の集団がほぐされたら，後は熱を持った重い平らなアイロンの面でなでると，高分子の集団はなでられた方向に整列し，高分子と高分子の間にあった水の分子が熱で蒸発して**図 70**（c）に示すように水素結合が生ずるので，整列した高分子の集団が固定される．

アイロンかけをするときは素材によって温度を選ぶ必要がある．「高」と表示さ

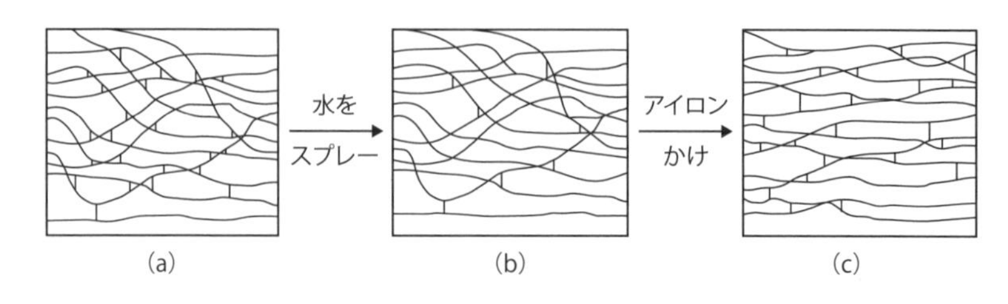

図 70　繊維のからまった状態をアイロンで整列させる過程（概念図）

れているのは，アイロン温度は180～210℃の領域で，綿や麻の場合に適用される．綿 や麻は主成分がセルロースで，微少繊維が細かく縦に並んでいて繊維と繊維の隙間は0.1 μm以下で，水となじみがよいので隙間に水が入ったらなかなか出てこない．したがって，温度を高温にすることによって隙間に入った水の分子を蒸発させる．もちろん，210℃の温度では繊維の構造変化などがない．「中」と表示されているのは，アイロン温度は140～160℃の領域で，レーヨン，ナイロン，ポリエステル，羊毛，絹などに適用される．「低」と表示されているのは，アイロン温度は80～120℃の領域で，アクリル，ポリウレタン，アセテートなどに適用される．せっかくアイロンがけしても，素材に合った温度でかけないと，シワがとれなかったり，生地を傷めたりする．

素材や目的に合わせて，ドライとスチームとを使い分ける．スムーザーやアイロン用キーピングという糊の成分でできたシワ取り材をスプレーする場合は，ドライを使う．また，絹などの薄物に生乾きでアイロンをかけるときもドライを使う．

スプレーではなくてスチームを使うのは，スプレーだと水がまばらに分散する可能性があるので，衣類全体に均一に水分を行き渡らせるためである．スチームは，ウールなどのシワをのばしたいとき，セーターの形をととのえたいとき，ズボンに折り目をつけたいときに使う．

スラックスのアイロンがけは，直接アイロンは当てないのが基本である．スラックスにアイロンを直接当てると，アイロンが効きすぎてしまう．きれいにしわが伸びて，折り目も付けられるのだが，素材の弾力が失われて薄くなる．生地の本来の弾力や風合いが損なわれ，スラックスを傷めてしまう原因になる．スラックスのアイロンがけでは，当て布を使う．当て布とは，衣服の上にのせる布のことである．当て布の素材としては綿の布であれば，タオルでもハンカチでも，大丈夫である．

まとめ　水をスプレーするのは，繊維のねじれてからまりあった線状の高分子の集団をほぐすためである．水が毛管現象で繊維のすみずみに行き渡り，高分子全体をほぐす役割を果たす．熱を持った重い平らなアイロンの面でなでると，高分子の集団はなでられた方向に整列し，水の分子が熱で蒸発するので，整列した高分子の集団が固定される．

56話　目玉焼きを作るとき，フライパンに水を少したらすのはなぜか？

目玉焼きには片面のみに火を通す片面焼きと両面に火を通す両面焼きとがある．片面焼きの場合は卵の上部は火が通りにくいため，黄身は半熟になりやすい．片面焼きは半熟が好きな人には好まれるが，固焼きが好きな人には敬遠されがちである．通常は黄身をつぶさないよう留意しつつ焼き上げるが，人によっては途中で意図的に黄身をつぶしたうえで焼き上げたものを好む場合がある．ここでは，片面焼きで，そのまま焼き上げる場合を考える．

目玉焼きを作るとき，フライパンでサラダ油などの油を熱し，フライパンが温まったところで割った生卵を落としてから，フライパンの縁に水を少量たらして蓋をする．そうすると，卵の表面に薄い膜が張り，崩れにくい目玉焼きができる．

焼けているフライパンの縁に水を少したらすと，水は蒸発して水蒸気になる．発生した水蒸気は，フライパンには蓋がしてあるので中に閉じ込められる．卵は底のほうは温度が上がっているが，上の表面のほうはまだ熱が伝わっていないので，温度があまり上がっていない．水蒸気は，フライパンの中を時速 1 000 km 以上の速い速度で飛び回っているが，卵の表面では温度が低く，露点以下になっているので，そこで水となって凝縮する．

水蒸気が凝縮して水になる現象は，水が蒸発して水蒸気になる現象の逆の反応である．水が水蒸気になるときは，周りから水 1 g 当たり 2 255 J の蒸発熱を奪うが，水蒸気が凝縮して水になるときは，周りに水 1 g 当たり 2 255 J の凝縮熱を与える．水蒸気の運動エネルギーが水となったとき分子の運動エネルギーが減るが，その分を周りに熱として与える．フライパンの中に入れられた水は，底から熱をもらって

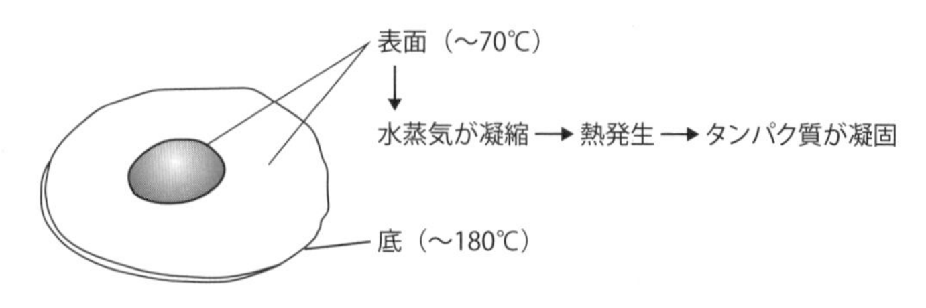

図 71　目玉焼きの表面に薄皮ができる過程

蒸発して水蒸気となり，時速1 000 km以上の速い速度でフライパンの中を飛び回り，温度が高い部分に当たっても跳ね返るだけだが，たまたま温度の低い卵の表面にぶつかったときに，そのエネルギーを凝縮熱として卵の表面に与え，水として凝縮する．その熱によって卵の表面が熱せられて薄い膜が張る．フライパンに入れる水の量を増やすと，卵は底のほうからの熱と上表面で水蒸気が凝縮するときの熱と両方から熱せられることになり，いわゆる蒸し焼きになる．

目玉焼きの作り方にはいろんな流儀があるようだ．弱火でじっくり焼くやり方，強火で熱してから火を消して蓋をし予熱で焼くやり方，少し熱してから水を加えて蒸し焼き気味にする方法などさまざまである．どれが一番よいということはなく，それぞれの人のお好みといえそうである．

卵は黄身も白身も，主成分はタンパク質である．タンパク質は特有の高次構造を持っているが，その構造が熱によって変化することを熱変成という．熱変成して固まる温度は，黄身が約80 ℃，白身が約90 ℃である．それで，始めに黄身の表面，次いで白身の表面に薄皮が張る．目玉焼きは熱変成によってタンパク質の構造と性質を変える操作をしていることになる．

電子レンジで生卵を加熱して，卵を爆発させた経験を持っている人もあるかも知れない．電子レンジは食品にマイクロ波を当てて，極性を持つ水分子に直接エネルギーを与え，水分子を振動・回転させて温度を上げる．生卵に電子レンジのマイクロ波を当てると，黄身に水分があるのでこの部分の温度が上がって沸騰し，黄身の水蒸気圧が大きくなり沸点も上がって100 ℃以上の水と高圧の水蒸気が共存する．さらに，黄身が熱膨張を起こして一部殻の外に出ると，外気に触れることで急に減圧し，沸点が急に下がり，たまっていた100 ℃以上の高温の水が急激に沸騰して爆発する．電子レンジで生卵を料理したい場合は，予めヨウジなどで黄身の部分まで通した穴を何か所か空けておくなどの準備が必要となる．

ⓜⓐⓣⓞⓜⓔ

まとめ　焼けているフライパンに水を少したらして蓋をすると，水は水蒸気になりフライパンの中に閉じ込められる．卵の底の温度は高いが，表面の温度はあまり上がっていない．卵の表面は露点以下の温度なので，水蒸気は水となって凝縮し，周りに凝縮熱を与える．その凝縮熱によって卵の表面が熱せられて薄い膜が張り，崩れにくい目玉焼きができる．

57話　紙おむつはなぜ大量の水を吸収するか？

昔はおむつは布でできていて洗濯して使うのが当り前だった．しかし，今では大量の水を吸収する紙おむつが主に使われている．従来からの吸水材料として，綿，パルプ，スポンジなどが知られていた．これらは毛管現象によって材料の隙間に水を吸収するが，その吸水能力は自重の20倍程度で，圧力をかけると水は簡単に外に出てしまう．

これに対して，紙おむつの主要部分は高吸水性高分子からできている．高吸水性高分子は，自重の100～1 000倍もの水を吸収して膨れ，多少の圧力をかけても水が出てこないという特徴がある．高吸水性高分子は，高分子の長い鎖の中にカルボン酸のナトリウム塩など親水性の基を持っており，それらが軽く架橋して3次元的に網目構造をつくっている．

その構造は**図72**に示すように，高分子の親水基を含むイオン網目，その対イオンである可動イオン，および水からできている．高分子のイオン性の部分は例えばカルボキシル基（COO^-），可動イオンはNa^+などである．それがなぜ大量の水を吸収するかは，以下のように説明されている．マイナス電荷を持った高分子の親水基を含む3次元的網目構造の中で可動性のNa^+イオンと水とが束縛されている．高分子の基によるマイナス電荷の吸引力により，可動イオンの濃度が高分子の内側

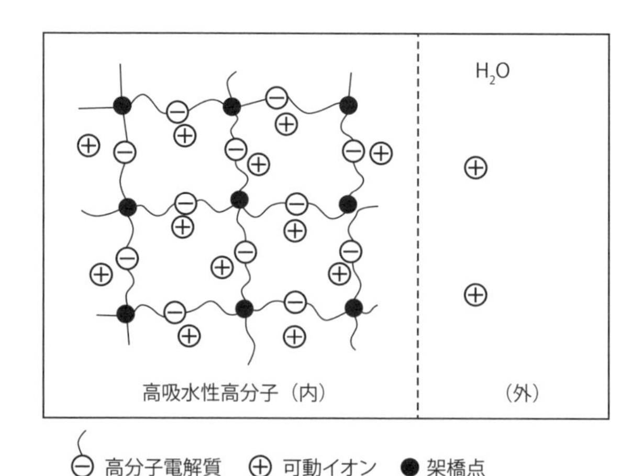

図72　高吸水性の高分子の構造

のほう が高くなるため，浸透圧が発生する．この浸透圧により外側の水が内側に入ろうとする力を生ずる．この浸透圧と高分子の親水基と水との親和力が吸水力の原因である．3次元的網目構造の橋かけ密度が小さいほど相対的に水が多くなるので吸水性が大きくなる．

紙おむつの吸水機能を維持し，さらに皮膚の快適さを保つために，紙おむつは表面材，吸水材，防水材の3層で構成されている．中央部には尿を外部に漏らさないための金属リングがある．肌に直接触れて尿をキャッチする部分の表面材は，不織布という素材によって，おむつの表面をサラサラな状態に保つ．表面材を通過した尿は，瞬時に表面材の下にある高吸水性高分子からなる吸水材に入る．この吸収材では尿を瞬時に吸収して固めるので，尿がもれず，体圧がかかっても逆戻りもしない．おむつの1番外側は，尿を外にもらさないための防水材である．防水材には全面通気性シートが用いられ，全面に肉眼では見えないミクロの穴が開いている特殊素材のシートである．この穴は，水蒸気だけを外に逃がし，尿などの液体は通さない．それで，おむつの中の湿度を下げるので，ムレによる肌トラブルが防げる．

高吸水性の高分子の利用分野は，紙オムツ以外に，生理用品，湿布剤，化粧品，脱臭剤，土壌改良，園芸，結露防止シート，油水分離，コンクリート養生マット，シーリング材，パッキングなど多岐におよんでいる．油水分離では，高吸水性の高分子は水を吸収するが，油や有機溶媒を吸収しない性質を利用して，油や有機溶媒中の水分を除去する．シーリング材やパッキングでは，高吸水性の高分子が水を含むと膨潤して体積が大きくなる性質を利用して水を止める働きを利用している．

㋮㋣㋱　紙オムツの主要部分は高吸水性の高分子からできている．高吸水性高分子は自重の100～1 000倍もの水を吸収して膨れる．それは，高分子鎖の中にカルボン酸のナトリウム塩など親水性の基を持っており，それらが軽く架橋して3次元的に網目構造を作る．その網目構造の中に多量の水を静電的にまた浸透圧の作用により保持することができる．

58話　トイレットペーパーはなぜ水に流せるか？

トイレットペーパーは水に流せるが，テイッシュペーパーは水に流せないものがほとんどである．水に流せる紙と水に流せない紙は何が違うのだろうか？

トイレットペーパーの主な原料は木材である．木材を顕微鏡で拡大して見るとセルロースと呼ばれる植物繊維が束になって集まっているのが分かる．1本1本の繊維は長さが1～2 mm，幅は20～30 μmである．セルロースが木材中にあるときは，繊維が木の軸方向に並んで，その間がリグニンという接着剤で固められている．紙を作るためにはこのリグニンを薬品で取り除き，繊維をばらばらにして取り出す．これがパルプである．このパルプを水に分散させて金網ですくいとって水を切り，1枚の紙を作り上げる．

セルロースは，分子式$(C_6H_{10}O_5)_n$で表される炭水化物（多糖類）で，砂糖の成分と同じグルコースという化合物が鎖状に数千個つながった構造で，**図73**に示す．砂糖（グルコース）は水に溶けるが，セルロースは水に溶けない．

紙はセルロースの繊維の束が平面状に何層も積み重なってできている．セルロースはグルコースを基本単位としているのでOH基を持っていて，セルロースとセルロースの間は水素結合（H・・OH）で結ばれている．それで紙はセルロースの繊維の束が平面状に何層も積み重なったもので，セルロース自身も水に溶けないし，それが束になり積み重なったものも当然溶けない．では，どうしてトイレットペーパーは水に流せるのだろうか？

水に“溶ける”ということは，9章で述べたように分子が1個1個ばらばらに一様に水の中に分散することである．しかし，実際にはトイレットペーパーの繊維が束になって水に分散する場合でも溶けるという表現を使うこともある．しかし，この表現は正しいとはいえない．トイレットペーパーはセルロースの繊維の長さが短

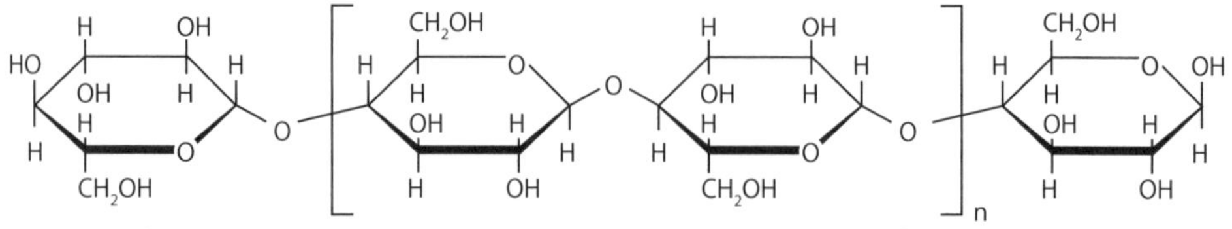

図73　セルロースの分子構造

く作ってあるため素早く水に分散するが，新聞紙や雑誌などは長い時間をかけないと 水に分散しない．トイレットペーパーなどが水に容易に分散する理由は，構成要素であるセルロース繊維の長さが短いためと，セルロース繊維が OH 基を多数持っているからである．トイレットペーパーが水中にあるときは，セルロースとセルロースの間の水素結合（H・・OH）の間に水分子がたくさん入ってくる．入ってきた水分子によって水素結合が切られるのでセルロースとセルロースの間の結合がはずれて繊維がほぐれる．繊維がほぐれると紙全体としても水の中に分散しやすくなり水に流せる．同様に，新聞紙など防水加工していない紙は水に濡れやすいことになる．

トイレットペーパーと違ってテイッシュペーパーのほうは水に流せないものが多い.それは,テイッシュペーパーのセルロースの繊維の長さが長いこととテイッシュペーパーには形がくずれないように耐湿樹脂加工がされているからである．多くのテイッシュペーパーはいわばプラスチック製の接着剤で固められているため，水に濡れないようになっているからである．だからトイレでは，テイッシュペーパーは「水に流せます」と表示されたものでなければ，排水管のつまりの原因になる．

㋮㋣㋱　紙はセルロースの繊維の束が平面状に何層も積み重なってできている．トイレットペーパーなどが水に容易に分散する理由は，繊維の長さが短く構成要素であるセルロースが OH 基を多数持っているからである．セルロースの繊維の間に水分子が入り水素結合が切れるので，繊維がほぐれ紙が水の中に分散しやすくなり水に流せる．

コラム

料理と水

日本の水は軟水でカルシウムやマグネシウムの含量が少ないのが特徴である．それに比べて欧米や中国では硬水である．軟水は硬度 0 ～ 60，中硬水は硬度 60 ～ 120，硬水は硬度 120 ～ 180，非常な硬水は硬度 180 以上である．ここで硬度とは水 1 L 中に含まれるカルシウムやマグネシウムの含量（mg）である．

水に含まれるカルシウムやマグネシウムの量によって料理法が違ってくる．日本料理は軟水を有効に使って，炊く，煮る，ゆでる，蒸すなど水の特徴を最大限生かした料理法を取っている．まず，米は水に入れて炊く．硬水で炊くと黄色くパサパサした口当たりの悪いものになる．これは，硬水の中に含まれるカルシウムが米の表面に付着して水を吸収するのを妨げてしまうからである．硬度が 50 以下で炊くとふっくらしたつやつやのご飯，硬度が 70 ～ 80 だと粒のしっかりした固めのご飯になる．硬水の多い欧米や中国では米は炒めてピラフにしたり，炒めた米を竹皮に包んで蒸したりする．

ダシを取るのは軟水を使う日本ならではの料理法である．硬水ではダシを取ることができない．硬水では，かつおぶし，こんぶなどのダシの成分のアミノ酸やペプチドが硬水中のカルシウムやマグネシウムと結合して固まってしまい，旨味の成分が溶け出してこない．ミネラル成分が含まれる硬水には旨味成分であるグルタミン酸やイノシン酸が溶け出しにくい．さらに，水をたっぷり使う煮物やスープは，軟水を使うと野菜への水分の浸透がよく柔らかく仕上がるが，硬水を使うとカルシウムが食物繊維を硬くしてあくが出やすくなる．

あくを除きたい場合，煮くずれさせたくないときに硬水を使うときれいに仕上がる．硬水の多い欧米や中国ではダシの代わりに，グツグツと煮込んだスープストックを使う．肉などを長時間煮込むと，肉に含まれるコラーゲンという不溶性のタンパク質が水溶性のゼラチンに変わる．このゼラチンがカルシウムやマグネシウムと結びついて固まり，アクとしてスープストックの上に浮いてくる．これをすくい取って，水からカルシウムやマグネシウムを取り除くことができる．また，パスタを茹でるときに硬水を使うとコシが出る．

結局，和食は軟水がよく，西洋の肉料理は硬水が適しているので，その地方や土地の水に合った料理法が選ばれているといえる．

第11章 地球上の水の姿

地球上の水の大部分が海水なので，私たちは残りのわずかな陸水を利用している．海水の塩辛さ，海流の発生，低温地域での海水の凍結，氷河の蓄積と消耗などの現象は地球の歴史と深く関わっている．水の性質を知ることでそれらの現象がよく理解できる．

59話　地球上の水のバランスは？

海で海水が暖められて蒸発したり，雨になって落ちてきたり，川から水が注いでくるし，北極や南極では氷ができたり溶けたり，いろんなことが起きている．それでも，海水の量は変わらないのだろうか？

地球上にある水の 98.37 % が海水で，残りの大部分 1.59 % のが氷河で，淡水（地下水，湖沼，河川の水）は 0.036 %，雲，霧，水蒸気などの大気中の水は全体の 0.001 %に過ぎない．

大気中の水の量を地球の表面積で割ると地球上の大気の水の平均深さは 25 mm と計算される．この平均深さをもとに日本の上空の水を全部集めたとしても，日本に降る 6 月の 1 か月の雨量の 10 分の 1 程度にしかならない．梅雨のころは毎日のように雨が降ってくるが，それは，大気の中に水が次から次ぎへと運ばれてくるからである．地球の表面の水は海や陸地の湖沼や川から蒸発して大気中の水となり，それが再び雨として降ってくる．地球表面に降る年間降雨量は 972 mm である．1 日当たりに直すと 2.7 mm で約 10 日分の雨量しか大気中に貯えられていない．水は約 10 日間の周期で巡っている．

海水の量は変わらないかどうかという点について考えてみる．それは，海と陸での水の蒸発量と降水量とのバランスを調べれば分かる．海と陸での水の年間蒸発量はそれぞれ 42.5 万 km^3 と 7.1 万 km^3 と見積もられている．一方，海と陸での水の年間降水量はそれぞれ 38.5 万 km^3 と 11.1 万 km^3 と見積もられている．この

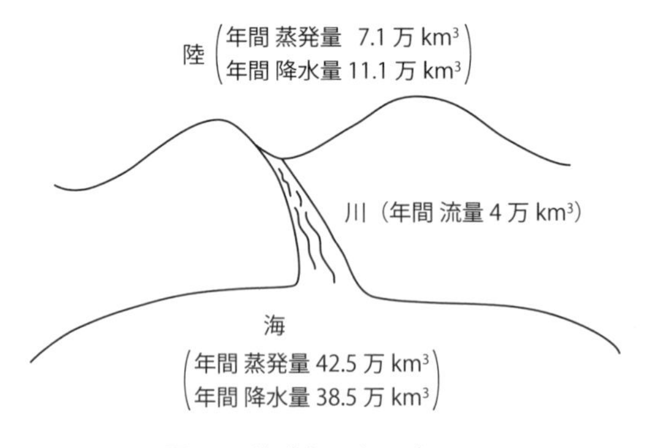

図 74　地球上の水のバランス

データ からすると蒸発量と降水量の総量は地球全体ではバランスがとれているが，海での降水量は蒸発量より少なく，陸での降水量は蒸発量よりかなり多い．陸で降水量が多いのは，水分を含んだ空気が陸上で山などに当たると，雨や雪になりやすいからだと考えられる．陸での降水による余った水は河川から海に流入することによってほぼバランスがとれている．だから，海水の量はほぼ変わらないと考えていいことになる．

海洋における水の流れは，海面を吹く風の働きによって生じる風成循環と，水温や塩分濃度からくる密度の違いによって生じる熱塩循環とがある．このうち風成循環は，深さ数百 m 程度までの表層流で，日本近海の黒潮や親潮と呼ばれる海流も，北太平洋を巡る風成循環の一部である．一方, 熱塩循環は, 数百 m 以深の深層流で, 秒速 1 cm 程度で極めてゆっくり流れながら，平均 1 000 年程度の時間をかけて全海洋を循環すると考えられている．一般に，海洋の表面水温は北極や南極に近い高緯度地域で低温となり，塩分濃度は大西洋のほうが太平洋よりも高いことが分かっている．そのため，低温で塩分の高い水，つまり密度が高く重い海水は，北大西洋のグリーンランド沖などに多く分布し，そこで表層から深層への強い沈み込みが発生すると考えられている．

地球が温暖化して氷河が溶ければ，海面が上がる可能性がある．氷河に含まれる水は湖沼などの陸水よりはるかに多く，南極やグリーンランドの氷が溶けたら海面が上がることは間違いない．地球は数十万年前から氷河期と間河期とを繰り返してきて，現在は間河期にある．氷河期の最寒期に海面が約 100 m 現在のレベルより低かったというデータがある．自然現象による氷河の盛衰は仕方がないが，化石燃料の使用による二酸化炭素の増加による地球の温暖化など，人為的な要因で海面が上がることは避けなければならない．

まとめ　地球全体の水の 98.37 %が海水で，残りの大部分の 1.59 % が氷河で，陸水は 0.036 %，雲や水蒸気など大気中の水は全体の 0.001 %に過ぎない．海での降水量は蒸発量より少なく，陸での降水量は蒸発量よりかなり多い．陸での降水による余った水は河川から海に流入することによってバランスがとれている．

60話　海流はなぜ生じるか？

地球規模の海水の循環を「海洋循環」と呼ぶが，同じものを「海流」と表現する．「海流」は海水の流れを重視した呼び方である．海流の形態として，表層循環と深層循環がある．表層循環は，海面での風（卓越風）によって起こされる摩擦運動がもとになってできる風成循環である．深層循環は，温度あるいは塩分の不均一による密度の差で起こる熱塩循環である．

海洋表層部では，緯度ごとにいくつかの海流のまとまりが見られる．基本的には，北半球の亜熱帯循環，南半球の熱帯循環，南半球の寒帯循環は時計回りで，北半球の亜寒帯循環，北半球の熱帯循環，南半球の亜熱帯循環は反時計回りに循環する．暖流は低緯度から高緯度へ向けて流れる海流のことである．多くの場合，周囲の大気を暖めて自身は冷やされる海流で，暖流沿岸では温暖で湿潤な気候となる．日本周辺には黒潮と対馬海流がある．寒流は高緯度から低緯度へ向けて流れる海流のことで，周囲の大気を冷やして自身は暖められる海流である．日本周辺にはリマン海流と親潮（千島海流）がある．

深層循環は中深層で起こる地球規模の海洋循環を指す．メキシコ湾流のような表層海流が，赤道大西洋から極域に向かうにつれて冷却し，北大西洋で沈み込む．北大西洋と南極海では，**62話**で述べるように，海氷のブラインが溶けた冷水が温度が低くかつ塩分濃度が濃くなる．低温かつ塩分濃度の濃い海水は密度が高く，水深約4 000 mの海底まで沈み込み深層水となる．

図75に示すように，グリーンランド付近の氷が関与して発生した北大西洋深層水は大西洋を南下し，南極海で南極深層水と合流して東に流れ，インド洋や大平洋に流れていく．大平洋に入った深層流は，日本近海を水深約3 000 mで流れ，アリューシャン列島南部で表層に戻る．深層流の分流は途中各所で表層に上昇して流れ，大西洋に戻る．この大循環は，1 000 ～ 2 000年で一巡すると言われている．深層流の変動が，エルニーニョ現象を起こしている一因ではないかと推測されている．

深層循環と表層循環とを合わせて海洋大循環と呼ぶ．赤道付近で暖められた海水は，南極や北極を目指して表層を流れる．黒潮やメキシコ湾流はその例である．これらの表層流は北大西洋や南極海に達するまでにエネルギーを放出しながら冷え，その一部は深層流に合流する．

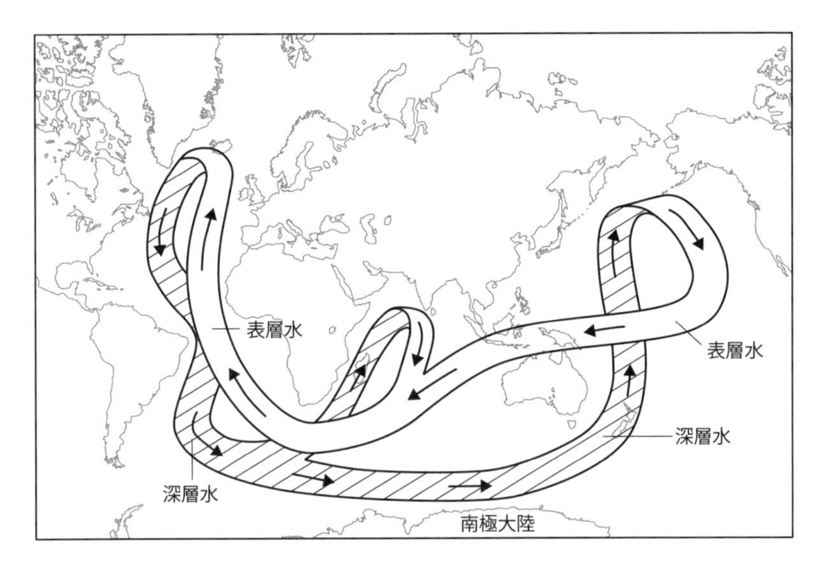

図 75　海水の大循環［Broecker, W. S., The biggest chill, Nat, Hist, Mag., 97, 1987, pp.74-82 を参考に作成］

海洋深層水は，海底にある栄養源を表層に送り込む働きをしている．海洋の表層では，植物プランクトンが太陽エネルギーを利用して光合成を行っている．植物プランクトン，動物プランクトンやそれらを食料とする魚類などの死骸は，最終的には深層で分解して栄養無機塩類に戻る．植物プランクトンに必要な窒素，リンなどの成分を海洋深層水が海底からくみ上げる役目を果たしている．

㋮㋣㋱　表層循環は海面での風の摩擦運動により，深層循環は温度と塩分の不均一による密度差で起こる．北大西洋では氷山の溶けた冷水が密度が大きく海底で深層流となり南下し南極深層水と合流して東に流れインド洋や大平洋に流れる．大平洋の深層流は北太平洋で表層に戻る．赤道付近で暖められた表層の海水は，南極や北極を目指して流れ海流となる．

61 話　海水はなぜ塩辛いか？

海と太陽の組み合わせは巨大な自然の蒸留システムである．太陽熱で照らされて海水から蒸発した水が雨となり，残りは川から海に流れ込んできている．こうして海水中の塩分濃度約 3.4 % がほぼ維持されている．塩分の内訳は，塩化ナトリウム 77.9 %，塩化マグネシウム 9.6 %，硫酸マグネシウム 6.1 %，塩化カリウム 2.1 % となっている．

でも海水は元々塩辛かったのだろうか？　その問いに答えるためには地球に海ができたころの話をしなければならない．今から約 46 億年前に微惑星の衝突と集積によって原始地球が生成した．微惑星中の含水鉱物などから水蒸気が放出され，また鉱物中の炭酸塩中の炭素は水と反応して二酸化炭素を放出する．微惑星の衝突で地球のコア，マントル，地殻，大気などができ始めたころ，マントルの大部分は高温のため溶けていた．これをマグマオーシャンという．一方，原始大気の主成分は，水蒸気と窒素，二酸化炭素だった．水蒸気はマグマに溶けるので，水蒸気はマグマと大気中の両方にあった．水蒸気の総量は，大気の圧力にして 200 ～ 300 気圧と推定され，これを基に水の量を計算すると，ほぼ現在の海水の量に相当する．したがって，原始大気とマグマオーシャンの量と組成によって現在の海水の大枠が決まった．

やがて地球が冷えてくると，マグマや大気中に水蒸気として存在していた水は雨となって降り注ぎ，低地にたまって海を形成した．海が形成された当時，海水は塩化水素が多量にあったため酸性で，それにより地殻を溶かし，ナトリウム，マグネシウムなどによって中和された．それで海水の主要な成分は，ナトリウム，マグネシウムと塩素からなる塩分である．大量に大気中にあった二酸化炭素は海水中のカルシウムイオンと反応して石灰石を作り，濃度が減っていった．その後，海水中に藻類などの生物が出現し，光合成を行うことで徐々に二酸化炭素が減り，酸素が増えていった．海水中に含まれる主な陽イオンと陰イオンの量を**表 7** に示す．このうち陽イオンは地表の岩石が水に侵食されて海に流れたものである．これに対して陰イオンの主成分の塩素イオンは岩石中に含まれていないが，マグマや大気中に塩化水素として存在していたものと考えられる．

表 7　海水中に含まれる主な陽イオンと陰イオンの量

成分	化学式	質量 %
ナトリウムイオン	Na^+	1.0556
マグネシウムイオン	Mg^+	0.1272
カルシウムイオン	Ca^+	0.0400
カリウムイオン	K^+	0.0380
塩素イオン	Cl^-	1.8980
硫酸イオン	SO_4^{2-}	0.2649
臭素イオン	Br^-	0.0065
炭酸水素イオン	HCO_3^-	0.0140
フッ素イオン	F^-	0.0001
ホウ酸	H_3BO_3	0.0026

出典：フリー百科事典　ウィキペディア

コップの中の食塩水の濃度は，砂糖水と同様に均一である．しかし，海水の場合は緯度や海の深さ，流れ込む河川の有無などによって濃度が違う．海の条件は複雑で，温度や圧力，溶けている物質の成分などいろいろな要素が影響を与える．海水の塩分濃度は平均すると 3.4 % 程度だが，低緯度海域では高緯度海域よりも濃度が高く，浅いところでは 3.3 ～ 3.7 % に分布しているが，深さ 1 000 m 以上の深海では 3.5 % でほぼ一定となる．

㋮㋣㋱　地球ができたころ，原始大気とマグマオーシャンと呼ばれる物質の量と組成によって現在の海水の大枠が決まった．海水中の Na と Mg は岩石中の成分が酸性の海水によって溶け，Cl は塩化水素として溶け込んでいた．海水は太陽光による熱で水蒸気となるが，それが雨となり川から海に流れ込むので海水中の塩分濃度約 3.4%がほぼ維持される．

62話 海はどのように凍るか？

海ではどんなふうに凍るのだろうか？　海では湖とちがって，塩分が約 3.4 % 含まれているので凝固点が下がり－1.8 ℃ にならないと凍らない．海が凍るときは，気温が－1.8 ℃ 以下になって，波が静かなときに表面に小さな氷の結晶ができる．この氷は雪の結晶と同じように針状，六花，角板状などの形をしている．波がなければこれらの氷晶は成長し，薄い氷板を作る．波の動きがあると氷晶は互いにぶつかりあって円盤状の形になる．この氷を蓮葉氷といい直径 50 cm にもなることがある．これは氷といっても小さい氷晶の集合体なので柔らかい．波はこの蓮葉氷のために静められる．やがて蓮葉氷と蓮葉氷との間にも氷ができて，固くて厚い氷板へと成長する．

海水が凍るときは，**図 76** に断面を示すように，真水の部分だけが凍った純氷の部分と残った塩分の濃い海水（ブライン）とが層状に細長い管状または細胞状になる．これはブライン細胞と呼ばれる．海水が凍るとブライン細胞ができる理由は，塩分というよけいなものがあると氷は結晶構造を作れないからである．それで，塩分を排除した純粋な氷と塩分の濃い海水とに無理やり分けてしまう．

できたばかりの海氷では，ブラインの体積は海氷全体の 30 % にもなる．海氷の真水の部分がまず凍るのでブラインの中に海水が取り残され塩分濃度が大きくなる．さらに温度が下がり海氷が厚くなっていくと，ブライン内の温度が下がり，ブラインの中から新しい氷が析出される．始め 30%を占めていたブラインは－5 ℃で 10 %，－10 ℃ で 5 % と温度が低くなるにつれてブラインは縮小し，塩分は濃縮され，やがて海水に洗われ氷の部分だけが残る．

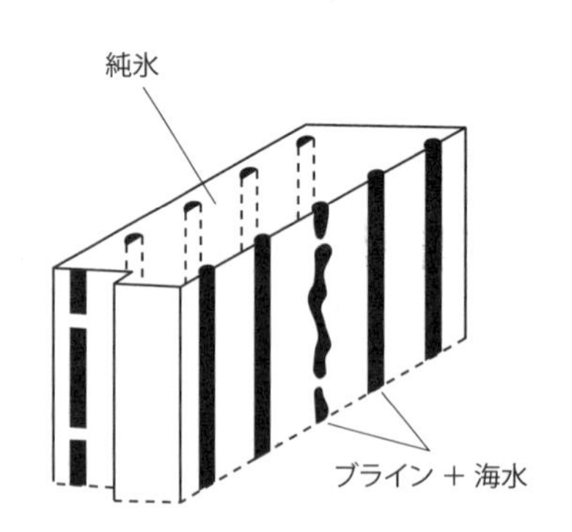

図 76　ブライン細胞の断面図［出典：野澤和雄，氷海工学，成山堂書店，2006，p.61 を参考に作成］

ところで，海水が凍った氷はしょっぱいのだろうか？　もし，海氷をそのまま食べるとブラインも一緒に食べることになりしょっぱいということになる．でも，時間が経つうちに海氷が成長して大きな氷になってしまうと，塩分は氷の外に追いやら

図 77　網走沖で観測された流氷
［出典：フリー百科事典　ウィキペディア］

れるので，氷はしょっぱくない．

流氷とは，海氷が流れてきたものである．日本で流氷が見れるのは北海道のオホーツク海沿岸だけである．流氷はオホーツク海北部のアムール河の河口付近で 11 月に結氷しはじめる．河口付近で結氷しはじめるのは，塩分濃度が低いので氷の凝固点が比較的高く，氷ができやすいためである．そして，12 月にはサハリン島の北東海岸におよび 3 月には海氷がオホーツク海全体の 80 % におよぶ．北海道沿岸には 1 月中旬に流氷が到来し，4 月には去っていく．**図 77** は網走沖で観測された流氷の写真を示している．

㋮㋣㋱　気温が−1.8 ℃ 以下で表面に小さな氷の結晶ができて成長し薄い氷板を作る．波があるときは氷はぶつかりあって円盤状になり，固く厚い氷板へと成長する．海水が凍るときは真水の部分だけが凍り，残った塩分は濃縮され細長い管状になって海氷の中に取り残される．塩分の濃縮された部分はやがて海水に洗われ氷の部分だけが残る．

63 話　氷河はどのようにできるか？

よく氷河時代というが，現在でも氷河はあるのだろうか？　日本ではどんな豪雪地帯でも雪は夏までにほとんど溶けてしまう．北アルプスや大雪山系にわずかな万年雪を残すだけである．ところが,南極大陸,グリーンランドやアラスカ,アルプス,ヒマラヤの山地では，雪が溶けきらないうちに次の冬がくるので，毎年雪が蓄積される．蓄積された雪が長い時間をかけて氷になる．そうしてできた巨大な氷が重力によって高地から流れ下る．これが氷河である．地球上の水の 98.37 % が海水で，陸地には水の成分が 1.63 % あるのだが，その大部分が氷河で 1.59 % もある．このように氷河は雪が長い間に大きな氷の塊になったものである．

雪が大きな氷のかたまりになる初めの過程は，しまり雪（第 5 章の **25 話**参照）ができるのと同じである．雪の粉と粉が接している界面では分子が移動しやすく，粉が合体して大きくなり，密度が 0.5 g/cm^3 程度の固い雪になる．さらに圧力による密度の増加で密度が 0.83 g/cm^3 程度になると，雪内部の空隙は閉じた気泡となり，通気性がなくなる．この状態を氷河氷という．その後，さらに圧力によって気泡はつぶされ密度が 0.91 g/cm^3 程度になる．このとき氷の結晶は直径数 mm ほどだが，ときには数 cm ～ 30 cm の単結晶になることもある．

雪が氷河氷の大きな結晶に変わるのに要する期間は，アラスカ南部などの比較的温暖な地方では，10 年程度で起こり，その深さは 20 ～ 30 m である．寒冷な南極やグリーンランド内陸部の高原地帯では，氷化するのに数百年かかり，その深さは 50 ～ 100 m である．

氷河時代では氷の量が現在よりもはるかに多くあった．地球上の氷河は過去数十万年の間に何回かの大規模な拡大と縮小を繰り返してきた．今から約 2 万年前の最終氷河の最寒期にヨーロッパ北部や北アメリカ大陸の北部などの陸地の約 30 % を氷河がおおっていた．そのスカンジナビヤ氷床やローレンタイド氷床は，今ではすっかり縮小後退し，高緯度地方と高地にしか見られなくなっている．現在では，　陸地

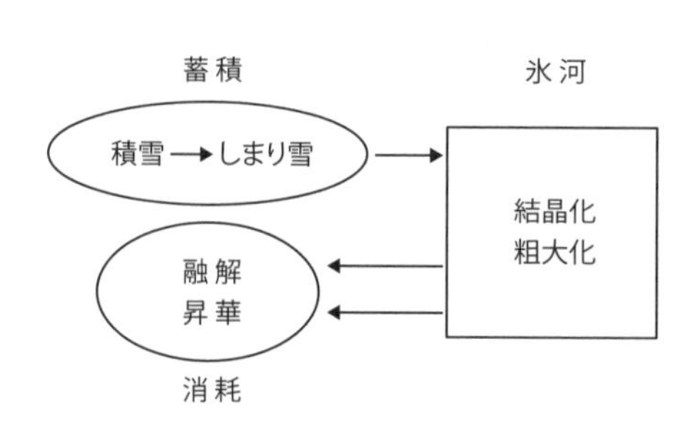

図 78　氷河の蓄積と消耗

の 10 % 程度が氷河として残っているだけである．

氷河は河という字を書くが河のように流れるのだろうか？　氷河は，高地から低地に向かって谷間を水あめのようにゆっくりと流れ下る．ふつうの氷河での流速は 1 日に 0.5 〜 1 m である．氷河が岩盤上を滑る「氷河底面滑り」は，気温が高くなって氷の一部が溶けて底面に水があるときに起こり，水が多いほど流速は速くなる．氷河は流れるというより少し移動するだけである．

氷河は主に降雪によって蓄積し，融解，昇華によって消耗する．南極の氷床は大部分が蓄積域で，消耗域は海岸近くのごく狭い部分にしかない．消耗は海に押し出されて氷山となって海洋に流れ出ることによる．氷河の蓄積は降雪によるから，地球全体として降雪量が多ければ氷河の蓄積が進む．地球全体として降雪量は地球の平均気温に左右される．

そうすると地球温暖化が進むと氷河はなくなるのだろうか？　南極の氷からとった過去 16 万年前からの空気を調べて当時の気温が分るそうである．それによると，気温の低い時期と二酸化炭素濃度の低い時期とがあっているそうである．地球の平均気温が何で決まるかは相当複雑な要因があるが，二酸化炭素濃度が増えると気温が高くなるといっていいと考えられる．氷河が衰退するということは，地球の温暖化を意味することになり，海面の上昇など深刻な問題をもたらすことになる．

㋮㋣㋱　南極大陸，グリーンランド，アラスカ，アルプス，ヒマラヤの山地では，雪が溶けきらないうちに次の冬がきて毎年雪が蓄積される．蓄積された雪が長い時間をかけて密度を増して大きな氷になる．その巨大な氷が重力によって高地から流れ下るのが氷河である．氷河は主に降雪によって蓄積し，融解，昇華によって消耗する．

コラム

砂漠のオアシス

オアシスとは，砂漠の中に地下水が涌き出し，樹木が茂っている場所のことをいう．砂漠とは，降水量が少ないために植物が生育できない不毛の地を指している．したがって，日本には砂漠はない．

現在，世界にはアフリカ，アラビア，中国，オーストラリア，北アメリカなどに砂漠地帯があり，地球上の全陸地で 1/3 の割合を占めている．例えば，アフリカで赤道付近から北に向かって旅行したとする．そうすると，熱帯雨林→湿潤サバンナ→乾燥サバンナ→砂漠への変化を見ることができる．樹木も北に行くにつれて密集度が減り高さも低くなる．このような植生（植物の集団としての挙動）の緯度による変化は年間降雨量の減少傾向（2 600 mm → 1 000 mm → 530 mm → 100 mm 以下）と対応させることができる．しかし，このような傾向は年間を通して変化しないのではなく，例えばサバンナでは乾季と雨季では様子が劇的に変化する．乾季では茶褐色であった大地が，雨季が始まると，またたく間に緑のじゅうたんに覆われる．

砂漠でも雨が全く降らないわけではない．雨季には一度にたくさんの降雨があって，一時的に川の流れができても土に十分な保水力がなく，やがて水は蒸発してしまう．オアシスは砂漠地帯にある小高い山のふもととか窪地にできやすい．例えば，ケニア中央部には砂漠地帯が広がっているが，その中の標高 1 500 m のマサビット山の南東斜面には森林が広がっている．これは，インド洋から水蒸気を含んだ空気が東風となってやってきて，南東斜面にぶつかって降雨をもたらしたと考えられる．森林の奥の谷間には水は流れていないが，多くの井戸があり水がくみ出せる．ここは，遊牧民と牛たちが乾きをいやすオアシスなのである．

第 12 章
飲む水

必要な量の飲料水の摂取をしているかどうかは人の健康に直結する．不十分な場合は熱中症や脱水症状で危険な状態になる．この章では，必要な飲料水の量，水をおいしく感じる条件，海上で漂流して飲み水がなくなった場合を想定した飲料水の確保の方法についても考える．

64話　人間にはなぜ水が必要か？

人間にはなぜ水が必要なのだろうか？　成人の体重の約 2/3 が水である．食べ物を 5 週間採らなくても人間は死なないが，水を 5 日間飲まないと死ぬと言われている．

人間の体内の水は，絶えず移動している．生命活動に必要な物質は，血管から細胞外の体液，細胞内に運ばれる．不要となった老廃物は，逆に細胞内から体液，血管へと運ばれる．血管に入った物質が体中に広がるのに約 40 分かかるそうだ．不要となった老廃物は血液によって運ばれ，腎臓に入って処理される．成人の場合，腎臓で処理される水の量は，1 日に 180 L もある．その大部分が腎臓内の尿細管を流れる途中で吸収され再利用される．最終的に尿となって排泄されるのは，約 1.5 L である．それから，皮膚からの蒸発と呼吸として含まれる水蒸気の分が約 0.9 L，大便や汗として排出される分が約 0.1 L あるので，合計約 2.5 L を体外に出している．20 代男性は 1 日に約 2.5 L の水を必要としているが，飲み水としてはその約 60 % で足りる．ほかに食物に含まれる水分が 30 %，残りの 10 % は食物が消化して分解するときに生ずる水がある．水として飲む 1 日の必要量は，体重× 20 mL と言われている．体重 50 kg の人は 1 日 1 L となる．

水分が不足するとどういう状態になるのだろうか．まず，体の生命維持にとって，重要な部分に優先的に供給される．脳の組織は 85 % の水を含んでいるので，脳にまず供給される．脳で産生された神経伝達物質は，水を媒体として，全身の末梢神経へ，脳の命令を伝えている．次に，心臓→肺→肝臓，腎臓→筋肉，骨→皮膚の順に供給される．

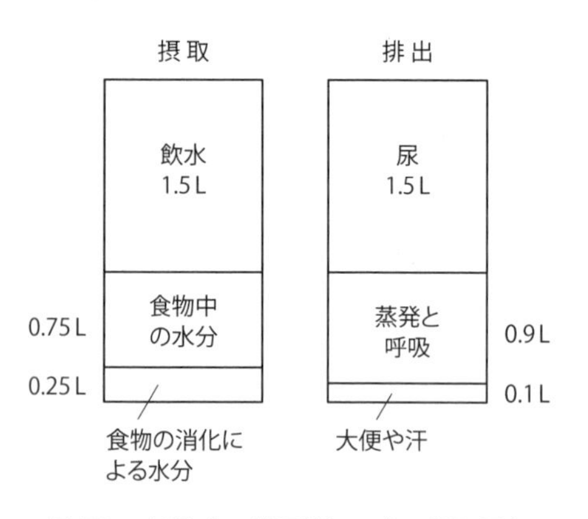

図 79　人間（20 代男性）の水の摂取量と排出量の内訳

暑さで汗として体外に出る水が極端に増えたり，水を飲まなかったりすると，体内の水が不足する．そうすると，ナトリウムなどの濃度が高くなり過ぎて細胞内での化学反応が正常に行えなくなる．例えば，ナトリウム濃度で血圧を調節しているが，その調節がうまく行かなくなる．これが脱水症の一つの症状である．人間は体の水分の20～30%が失われると命が危なくなるといわれている．

熱中症や脱水症状になって水分補給が必要になったとき，普通に水を飲んでもすぐには効果がないそうである．水は小腸で吸収されるので，吸収されるまでに時間がかかる．そういうときはスポーツドリンクを飲む．スポーツドリンクがない場合は，水に砂糖と塩を少量入れてかき混ぜて作る．砂糖と塩の添加によって浸透圧が高くなり，水分と一緒に胃で吸収されるので，即効性がある．

体内の水の量が減ると，体が水を外に出さないようにするので尿の量は減る．しかし，呼吸や皮膚からの蒸発で失われる水の量まで減らすことはできない．水が不足してきたらのどが渇くというのも不思議な現象である．水は生命体に必要な物質の運搬と老廃物の運搬という役割以外にも生命活動を統一的に行うために，ホルモンや神経系といった指揮命令系統に重要な関わりをしている．水に溶けている物質の量を知ることによって各臓器は指示を受け取ることができる．例えば，身体に水が不足すると，のどが渇いたという感じを与え，水を飲むように指示している．

水替わりにコーヒーを飲む人がいる．カフェインは疲れていても脳と体を刺激する強壮成分も含まれている．コーヒーを飲むと眠気がなくなるというのは，そのためである．しかし，この刺激は一時的なもので，結果的には，心臓の筋肉などに負荷をもたらし，興奮により過剰にエネルギーを消費してしまい，かえって，疲労感を促進することになる．さらに，カフェインは脳にも直接作用し，利尿作用もある．水の代用と考えるより，カフェインをなるべく控えるほうが望ましいといえる．

同様に，喉が乾いたからと言ってビールを飲む人がいるが，これは逆効果である．ビールのアルコール濃度は約5%で，人間の体の細胞液濃度の0.9%より大きいので，ビールを飲むと浸透圧を等しくするために余分に水を必要とすることになる．アルコールは利尿作用に加え，アルコールの分解過程で発生した毒素を中和，排泄するためにも体の水分が使われる．

㋮㋣㋱ 人間の体内の水は，生命活動に必要な物質や老廃物を運んで血管，細胞外の体液，細胞内などを行き来している．脳で産み出された神経伝達物質は，水を媒体として全身の末梢神経へ脳の命令を伝えている．20代男性では1日水約2.5Lを体外に出しているが，食物によって生ずる水が1Lあるので，1日約1.5L飲料水として摂取すればよい．

65話　どんな水をおいしく感ずるか？

水のおいしさは何で決まるのだろうか？　まず第1は水に含まれるミネラルの量である．ミネラルの主成分はカルシウムとマグネシウムで，ミネラルの多い硬水はあまりおいしくない．逆にミネラルが少なすぎると，蒸留水のように淡白で気の抜けた味になる．1L中にミネラルが20～120mg程度含んだ水（硬度20～120）がまろやかでおいしいと言われる．マグネシウムは少ないほうがよく，カルシウムは適当な量が望ましい．日本の河川のミネラル量は少ないから，だいたいその範囲に入っていると考えていい．外国の水はミネラル量が多すぎるものが多い．次は，遊離炭酸の量である．これは溶けている二酸化炭素と考えていい．1L中に3～30mg程度含んだ水が適当である．適量の炭酸は清涼感を与えるが，多すぎると刺激が強くなる．日本の水道水の遊離炭酸の量もだいたい適量な範囲に入っていると考えていい．

それでは，日本の水道水のまずい点はないのかといえば，水に含まれる有機化合物の量や臭いが問題になる場合がある．汚水などによって水道の原水が汚れていると有機化合物などが残留する．原水が汚れていると殺菌のため塩素を多量に使うことになりカルキ臭がする．残留塩素量は，1L中に0.4mg以下がよいとされるが，たいていの水道水には塩素が1L中に5mg以上含まれている．有機化合物の量は過マンガン酸カリウム消費量で測定されるが，1L中に3mg以下がよいとされる．それから，どんな水にもいえることだが，水の温度は10～15℃程度の冷たい水をおいしく感じる．

2011年に行なった横浜市の調査によると，水道水をおいしいと感じている人は約55％で，おいしくないと感じている人の約17％を大きく上回っている．水道水は水質検査が定期的に実施されているので，安全性はほぼ大丈夫といってよい．水道水の主な問題点は残留塩素といってもよい．

硬度	20～120 （CaとMg含量1L中に20～120mg）
遊離炭酸	3～30mg
残留塩素	1L中に3mg以下
水の温度	10～15℃

図80　おいしい水の条件

水道水を使って，お金のほとんどかからなくておいしく安全な水の作り方は以下の通りである．

1つは，広口の容器に水を1時間以

上くみ置きして残留塩素を蒸発させる．ただし，残留塩素のなくなった水は細菌が繁殖しやすいので，その日のうちに使い切る．朝一番の水などは，水道管の中や集合住宅の給水タンク中の不純物が溶け出すおそれがあるので捨て水をする．浄水器をしばらく使っていなかったときも同様である．

塩素や有害ガスを除くため，やかんなどのフタを空け２～３分間沸騰させる．一度沸かした水を冷蔵庫で冷たくして飲む．レモンのスライスを浮かべる．レモンの効果として香りがほのかにして塩素のカルキ臭を消してくれることがある．

お金をかける場合は，ペットボトルに入った水を買うか，浄水器，活水器を使うことになる．浄水器，活水器を使うにしても，その選び方，使い方，手入れ，フィルターの交換などには注意が必要である．フィルターの交換を長期間しないと，却って水の汚染を招くことがある．

ミネラルウオーターとは，容器入り飲料水のうち地下水を原水とするものをいう．市販品では，各地の名水や大自然のイメージを前面に押し出しているものが多い．ミネラルウオーターの名称から，ミネラルを多く含んだ飲料水のことと思っている人も多いが，ミネラルウオーターにはミネラル成分の品質規定があるわけではない．欧米では，ミネラルウオーターの原料となる水に元々炭酸が含まれているものがあり，ミネラルウオーターといえば炭酸水を指すことが多い．ある調査によると，ミネラルウオーターは必ずしもおいしい水の条件になっていないようだ．

㋮㋣㋱　1 L 中にミネラルを 20 ～ 120 mg 含んだ水がおいしく，遊離炭酸の量は 1 L 中に 3 ～ 30 mg が適当で，日本の水道水はその範囲に入っている．殺菌のための塩素量は 1 L 中に 0.4 mg 以下がよいが，実際にはかなり多くカルキ臭がする．塩素などを除くため２～３分間沸騰させ，それを冷蔵庫で冷やして飲むとよい．10 ～ 15 ℃ 程度の冷たい水をおいしく感ずる．

66話　海水はなぜ飲み水にならないか？

中近東などの砂漠地帯では飲料水の確保に苦労している．海水が飲み水になればとても助かるのだが，海水はなぜ飲み水にならないのだろうか？

人間の細胞膜は半透膜でできている．半透膜とは水は自由に通ることができるが，水に溶けている物質の通過は制限される膜のことである．**図 81** のように，半透膜を境に左側に食塩水，右側に真水を入れたときにどのようなことが起こるか考えてみたい．ここで水分子は半透膜を通過できるが，食塩は通過できない．右側の真水の水分子は半透膜を通過しやすいが，左側の食塩水中の水分子は食塩が邪魔になって半透膜を通過しにくくなる．そうすると左から右に移動した水分子の数よりも右から左に移動した水分子の数のほうが多くなり，左の液面が高くなる．ここで，左側に圧力をかけると水が押し戻される．右側と左側の圧力差のことを浸透圧と呼ぶ．食塩の 0.5 モル溶液の浸透圧は 12 気圧にもなる．

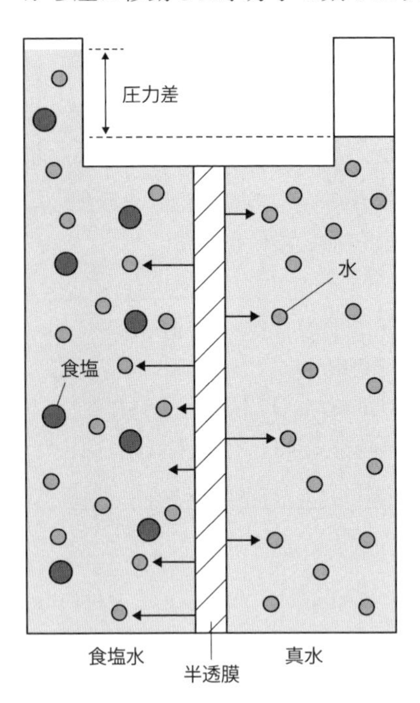

図 81　半透膜を境に左側を食塩水，右側に真水を入れたときの水分子の移動と圧力差の発生［(株) アイイーシー ホームページを参考に作成］

図 81 で水分子が半透膜を多く通過するのは，半透膜をはさんで両方の浸透圧が等しく（等張に）なろうとする現象であるといえる．濃度の薄いほうから濃いほうに水が移動するということは，ナメクジに塩をかけると縮むのと同じである．ナメクジの細胞膜も半透膜でできているから，塩をかけると半透膜の外側と内側とで濃度が同じになろうとして，細胞の中の水分が外に出てくる．それでナメクジは縮む．縮んだナメクジをそのまま放置すると死んでしまうが，真水をかけると体内に水が入り込んで体の大きさは元に戻る．

海水の塩分濃度は約 3.4 % であるのに対し，私たちの体の細胞液は塩分濃度にして約 0.9 % に相当する．私たちの体の細胞液と浸透圧が等しい濃度は食塩水にして約 0.9 % である．体の細胞液と等しい 0.9 % 食塩水を生理的食塩水と呼び，病院などで使われている．

水道水などで目を洗う際にしみて痛くなるのは，この浸透圧の作用による．濃度がほぼゼロの水道水に比べて眼球の細胞内の溶液の浸透圧が高いため，外側の水分子が細胞内へ移動して細胞が膨張し，そのときに痛みを伴う．そのため目薬などの点眼薬は，浸透圧を生理食塩水に合わせ，目にしみないように作られている．

同様に，海水の塩分濃度は私たちの体の細胞液濃度より大きいので，海水を飲むと浸透圧を等しくするために余分に水を必要とすることになる．それで，海水を飲むとよけいに脱水状態になる．

脱水状態のときに水を飲まないと，やがて血液中の塩分濃度が上がる．そうすると血液の塩分濃度を薄めようと組織間液から血管に水が移動し，さらに細胞内から組織間液に水が移動する．細胞内から水が抜けると脱水症状を起こす．特に脳で脱水が起こると神経細胞が死に，頭痛や失神などを起こし，それがひどくなると死をもたらすことになる．海水を飲むと，私たちの細胞は，塩をかけられたナメクジの状態になるということである．

まとめ　海水の塩分濃度は約 3.4 %，人の細胞液は塩分濃度にして約 0.9 % である．細胞などの半透膜を接して塩分濃度に違いがあると，等しい濃度になろうとして濃度の小さい側の水が濃度の大きい側に移動する．海水の塩分濃度は大きいので，浸透圧を調整するためによけい水を必要とする．そのため海水を飲むとよけいに脱水状態になる．

67 話　海上で漂流し，飲み水がなくなったらどうするか？

1 ケ月間も海上をボートで漂流して生き延びたというニュースがあった．海上で漂流して一番苦労したのが飲み水の確保だったという．すぐそばには海水がたくさんあるが，海水は飲み水には役に立たない．海水の塩分濃度は約 3.4 % と私たちの体の細胞液の塩分濃度より大きいので，海水を飲むとかえって脱水状態になる．雨水はもちろん自分の尿まで飲んだという．そういうときは，ほかによい方法はないものだろうか？

持っていたビニールのシートを広げて雨水を集めるというのは誰でも思いつく方法である．しかし，人間は 1 日につき 1 L 程度の飲料水を必要としている．雨水で 1 日につき 1 L の水を確保するのは容易ではない．次に，持っていた燃料と鍋を用いて海水を沸かして，鍋のふたについた水滴をすくって飲んだという例もある．しかし，この方法では燃料がなくなるともう使えない．

ここでは，鍋はあるが燃料はなくなったとして海水から飲み水を得る方法を考えてみたい．それは，海で自然に行われている水の製造方法をまねることである．海の水は太陽の光で熱せられて水蒸気になり，それが冷やされて雲になり，雨になる．私たちは雨が川や湖となった水を飲料水として利用している．ボート上でも，太陽の光で海水を熱して水蒸気を発生させ，それを冷却して水を作ればいい．

図 82　ボート上での水の製造が可能？

鍋に海水を 70 % 程度入れ，太陽の当たるところにおいて暖める．そのとき鍋の温度をなるべく高くするように，金属製のものがあったら鍋のまわりに置き，金属に反射した光が鍋に届くようにする．また，鍋のふたは別に海水で冷やしておく．そして海水が暖まったところで鍋にふたをし，ふたの上に海水でぬらした布などで冷やす．そうすると，鍋のふたの裏側に水滴がつく．その水滴を集めればよい．鍋の中の海水が一度暖まると，何度でも水滴を作ることができる．鍋のふたの裏側についた水滴を何かの容器に移したら，再び鍋にふたをしてその上部を冷やすとまた水滴がつく．これを繰り返せば飲料水には不自由しないだろう．

もし，鍋の中の海水の温度が 30 ℃ で鍋の中の湿度が 70 % であったら，第2章の**図 7** から分かるように，30 ℃ のときの飽和水蒸気圧が 42.4 hPa だから鍋の中の水蒸気圧は 29.7 hPa という計算になる．したがって，もし鍋のふたの裏側の温度が 23.9 ℃ 以下にできれば，露点以下になるのでそこに水滴がつくことになる．要するに鍋の中の海水の温度を高くし，鍋のふたの裏側の温度を低くすればするほど，この水の製造装置は効率がよくなる．

もし，鍋がなかったらどうすればよいだろうか？　コップとポリ袋を持っていたらコップに海水を入れて太陽光で暖め，ポリ袋を少し大きめの円形に切ってコップの口をしっかりと覆う．輪ゴムがあればコップの口を覆ったポリ袋を止める．あとはポリ袋の裏についた水滴を舐めればよい．

ここまで飲める水を作る方法を述べたが，十分な量の水を確保するのが困難な場合もあるので飲料水を節約する方法なども考える必要がある．そのためには太陽光に直接当たるのを避け，むやみに体を動かして汗を流さないことである．汗を流すとその分よけいに水が必要となる．また，食事はできるだけ少なくする．食べ物の消化には多量の水が必要なためである．もし，魚を捕らえたら生で食べると水分補給になる．魚の塩分濃度はヒトとほとんど同じだからである．ワカメなどの海藻類も同様である．

まとめ　燃料で海水を沸かして鍋のふたについた水滴をすくって飲む．燃料がなくなったら，海水の入った鍋を太陽の当るところにおいて暖め鍋のふたは別に海水で冷やして鍋にふたをし，ふたの上に海水でぬらしたタオルなどで冷やす．そうすると，鍋のふたの裏側に水滴がつく．鍋のふたの裏側についた水滴を容器に移せば何度でも水を作れる．

コラム

ビールと飲水

喉が乾いていても水を 300 ml も飲めば十分なのに，ビールだと相当たくさん飲める．ビールだとどうしてたくさん飲めるのだろうか？

水を飲むと食道から胃に入るが，胃では水はほとんど吸収されない．水は十二指腸，小腸，大腸の腸壁で吸収される．水は胃からは少しづつ流れるので，腸に着くまでに 30 分以上の時間がかかる．その間で胃が水でいっぱいになってしまうので，それ以上水を受け付けなくなってしまう．

一方，ビールはアルコール，二酸化炭素，糖分を含んだ液体である．アルコールは，胃壁からも吸収され，同時に水分も吸収される．それは，アルコール分や水に溶けている成分の量が多くなることで浸透圧が高くなるからである．スポーツドリンクなどイオン水を含んでいる飲料水の場合も同様の理由で胃から吸収される．エチルアルコールは C_2H_5OH と書き，OH 基があり水と同様に水素結合を作る．アルコールと水は性質が似ているため，ビールの中のアルコール分が胃で吸収されるときに，水もアルコールと一緒に吸収されてしまう．

しかし，ビールの中のアルコール濃度はわずか 5 % くらいである．5 % しかないアルコールが水をすべて一緒に胃で吸収されるのだろうか？　実は，ビールがたくさん飲めるもう一つの理由がある．体の中の水は絶えず循環していて 1 日 180 L も腎臓を通り，不用となった成分は尿となって排泄される．水の 99 % 以上が腎臓でリサイクルされ，尿となるのは 1 日 1.5 L だけである．腎臓にはパソプレッシンという名前の酵素がリサイクルしろという命令を出すのだが，エチルアルコールがその酵素の働きを抑える．だからビールを飲むとトイレが近くなる．ビールを飲んだときの尿はビールに入っていた水分というよりは，体内にあった水分のほうが多いことになる．尿として水分が体外に出て体が脱水状態になるとまずいから，水分を欲するのでますますビールが飲めることになる．

第13章 動物と水

動物にとって体の60 % 以上が水で，水は不可欠である．この章では，灼熱の砂漠を歩くラクダ，淡水と海水の両方で生きるサケの水分調節機能，動物界きっての汗っかきであるヒトの体温調節などについて述べる．

68話　ラクダはどのように水分調節しているか？

らくだは1日に140 km も水なしで歩ける．労役をさせなければ，10か月も水なしで生きていけると言われている．逆に，水を飲むときは一度に100 L以上も飲めるという．ラクダはどうやって水分の調節をしているのだろうか？

ラクダは反すう動物で，本当の胃のすぐ手前に2つの胃があって，その内の1つを水袋として使っているという説があり，教科書などでもそのような説明がなされていた．しかし，ある研究者が屠殺直後のラクダを何頭も調査した結果，袋はあっても水は見つからなかった．したがって，特別な水袋ではなく，体全体で水を調節しているものと考えられる．

ラクダが歩くためにはエネルギーが要る．そのエネルギーは食べ物や脂肪を分解するときのエネルギーを使う．そのときに熱が発生する．灼熱の砂漠の中で熱が発生すると困るのではないかと思う人がいるかも知れないが，ラクダは暑くても汗をかかない．汗をかいたら貴重な水分を失うことになるからである．人間だと汗だくになって水分を失うが，ラクダはその熱を体内に蓄えておくことができる．ラクダの体内には水が含まれていて，熱もためることができる．水は第1章の**5話**で述べたように，熱容量が大きく，暖まりにくく冷めにくい物質なので熱をたくさん

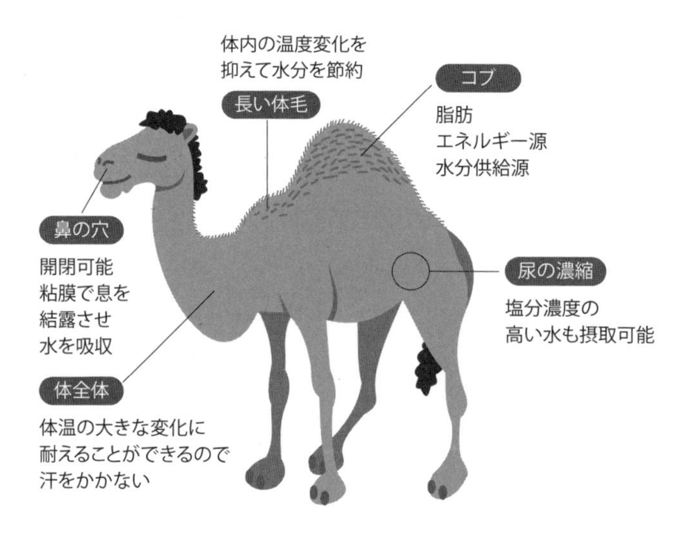

図83　ラクダの水分調節機能

ためることができる．ラクダの体温が夜と昼で6℃くらい違うことがあるそうだ．人間では，体温が2℃上がると体調がとても悪くなるが，ラクダは体温が40℃を超えても平気である．砂漠の夜は急激に温度が下がるので，昼間にためこんだ熱を夜に放出する．数字で示すと，500 kgのラクダの6℃の体温上昇は，身体の比熱容量を3.35 Jg^{-1} $℃^{-1}$とすると，約10 000 kJの熱を貯蔵したことになる．これだけの熱を汗など水の蒸発で放出しようとすると，4 Lあまりの水が必要になる．さらに，人間は身体から約20％の水分を失うと死に至るが，ラクダは，体の60％の水分を失っても耐えることができる．しかし，渇いたときは一気に大量の水を飲むことができる．

ラクダはもっと水分を摂るまたは節約する機能を体の中に持っている．ラクダは血液中の尿素を胃腸にいる微生物に食べさせ，分解してしまう．さらに，らくだの体では尿細管が長く，それだけ尿を濃縮できる．それで，血液濃度の10倍もの尿を作れる．砂漠には塩分を含む植物が珍しくないが，ラクダはそんな植物を食べても濃い濃度の塩分を排泄できるので，水分が補給できる．人間なら海水を飲んだらかえって脱水症状を起こしてしまうが，ラクダは海水からでも水分を吸収できる．

ラクダの体表面にある毛皮が高温の環境での身体への熱の移動を遅らせ，結果として水を節約する効果がある．ラクダの毛の長さを1 cm以下に刈った場合は体重100 kg当たり1日に失う水の量は約3 Lだが，刈り取っていない長さが3～14 cmの毛を持つラクダでは体重100 kg当たり1日に失う水の量は約2 Lである．

ラクダの鼻の穴は砂が入り込まないように閉じることができる．この鼻が，呼吸をするときの水の蒸発を防ぐ役目もしている．乾いた外気を吸い込むと，鼻の中で粘膜の水分が蒸発し，蒸発熱で冷える．肺から出てくる湿った空気はこの粘膜で結露する．ラクダの鼻は巻き紙状になっていて，吸い込まれる空気と接する鼻の壁面の面積が1 000 cm^2と非常に大きくなる構造をしている．この巻き紙状の鼻の面で吐く息が結露し，吸う息で水が蒸発して温度を下げている．こうして，呼吸で放出される空気の中の水蒸気の何割かを鼻の中で回収している．

㋮㋣㋱　ラクダは汗をかかず体温が40℃を超えても平気で，昼間にためこんだ熱を夜に放出する．毛皮は熱の移動を遅らせ，水を節約する．ラクダの尿細管が長く血液濃度の10倍もの尿を作り塩分を含む植物からも水分を補給できる．鼻は巻き紙状になっていて，呼吸による水蒸気の何割かを鼻で回収している．

69話　ホッキョクグマはなぜ凍死しないか？

北極の冬では－30 ℃以下の低温は普通である．ホッキョクグマでも体の60 %以上は水が含まれているので水分が凍ったら凍死しそうなものである．グリーンランドを中心に生息しているホッキョクグマは体長2.5 m，体重500 kgで北極圏の王者といえる．これは天敵がいないためで，魚やアザラシなどを捕らえたら好きなだけ食べられる環境にある．

生体の半分以上は水が含まれている．もしその水が凍ったら生体は生きることはできない．生体の中の水を分類すると，**図84**に示すように，3層に分かれる．A層は束縛水と呼ばれタンパク質に直接接していて動きにくい水である．B層の水はA層の水と相互作用しているため動きがややにぶい水である．C層の水はB層の外側にあり自由に動き回る普通の水である．水は並進運動や回転運動をしているが，A, B, C層のどちらの水であるかによってその運動の速さが違う．A層では，10^{-7}秒，B層で10^{-9}秒，C層で10^{-12}秒程度で回転運動をしている．A層の水はタンパク質の動きと連動しているので，－190 ℃でも凍らない．B層の水はA層の水をガードする役目をしている．

細胞をガードしているA層の水はタンパク質の表面にがっちりくっついている．これらの不凍水の量はタンパク質1 g当たり0.35 g程度あり，タンパク質の表面を1～2分子層の水分子で覆っている．このタンパク質表面の水が凍らない理由は，

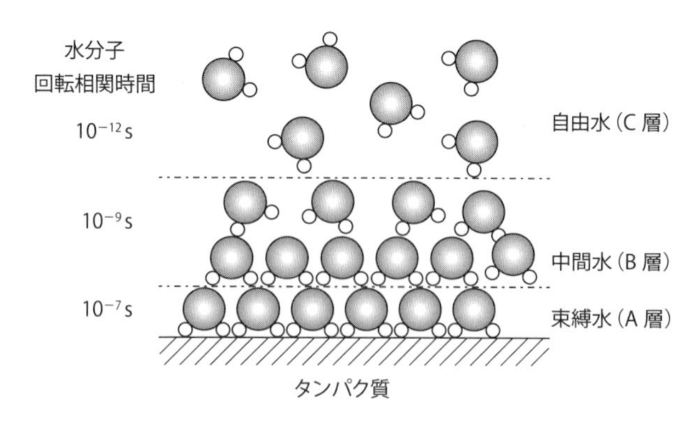

図84　生体中の水分子の運動状態モデル［出典：上平 恒著，生命からみた水，共立出版，1990，p.78を参考に作成］

タンパク質表面には−OH，$-NH_2$，−COOH などの親水基が存在していて，水分子と水素 結合などで結ばれているためである．これが，北極圏でも草木が生え，ホッキョクグマなどの動物が生存できる理由の1つである．

さらに，ホッキョクグマが極寒の地を生き抜く安全なものを持っている．その1つは，白いふさふさした毛と皮である．ふさふさした毛は空気をたくさん含み熱を伝えない性質を持つ．人間の皮膚は外気に直接さらされているので凍傷にかかりやすいが，ホッキョクグマは天然の防寒具を着ているといえる．また，ホッキョクグマは皮下に褐色脂肪と呼ばれる脂肪分を持っている．褐色脂肪は冬眠する動物に多くみられ，体温調節のための熱発生に使われる．褐色脂肪を分解または酸化する過程で発生する熱でホッキョクグマなどの極寒地方の動物は体温を維持している．

生まれたばかりのホッキョクグマは大丈夫なのだろうか．ホッキョクグマのメスは極地方に秋がくると，島の海辺にある雪の吹きだまりに穴を掘り，中に巣を作る．巣の入り口もやがて雪が降り積もって塞がる．メスはこの巣で子を生み仮眠状態で冬を過ごす．生まれたての子グマはネズミほどの大きさしかなく，かすかな毛しかないので母グマにぴったり体を寄せている．母グマは乳で子グマを育てるが，それを蓄えた脂肪をもとに作り出している．巣の温度は外気温に関係なく，0℃以下にはならない．寒気は自然の雪で遮断され，大きな母グマの体温で結構温かい．

㋮㋣㋱　生体の中の水には，タンパク質に結び付いている水，ゆるやかに結び付いている水と普通の水とがある．タンパク質に結び付いている水は−190℃でも凍らないので，極寒の地でも生物は生きて行ける．ホッキョクグマはふさふさした毛で寒さをしのぐ．皮下には褐色脂肪を持ちその分解または酸化の過程で発生した熱を体温維持に使っている．

70話 淡水魚と海水魚は水分と塩分をどのように調節しているか？

魚には，淡水魚，海水魚，淡水と海水の両方で生きる魚の3種類がある．淡水魚は塩分がほとんど含まれていない川や湖沼に，海水魚は塩分が約3.4％の海に棲んでいる．淡水魚と海水魚は水分と塩分をどのように調節しているのだろうか？

淡水魚も海水魚も哺乳類も体内の塩分濃度は約0.9％である．淡水魚の血液の塩分濃度は海水の約1/3だが，淡水中には塩分が約0.1％しか含まれていない．それで，体内の塩分濃度が高く，浸透圧が高いので淡水魚の血液中には絶えず過剰の水が入ることになる．それで，**図85**(a)のように，淡水魚はほとんど水を飲まず，多量の低張尿（血液よりも浸透圧の低い尿）を出す．このときに，塩分も失われるが，その分をエラを使って淡水中の塩分を取り込んでいる．

海水魚の血液の塩分濃度も海水の約1/3なので，逆に体内の浸透圧が海水より低いので血液中の水が失われることになる．それで，**図85**（b）のように，海水魚は海水を飲み，それを腸から吸収することで，水を補っている．そのとき，余分に入った塩分は，エラを使って濃度の高い塩水の形で海水中に排出する．海水魚は尿を濃縮することはできず，血液とほぼ等張の（浸透圧が等しい）尿を排出する．その量は，淡水魚の約1/10である．

私たち人間は海水を飲むと，逆に脱水が進行するのに，どうして海水魚は海水の水分を体内に取り込めるのだろうか？　実は，海水魚の腸管内に海水を直接入れると，海水魚でも脱水が起こる．海水魚が海水を飲んでも海水が食道を通る間に脱塩

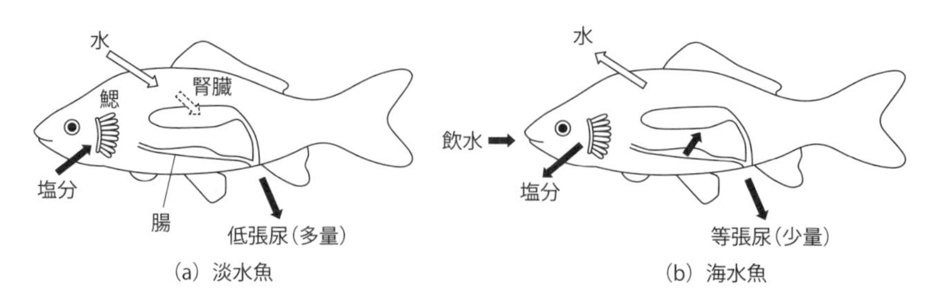

図85　淡水魚(a)および海水魚(b)の塩分調節の仕組み
［啓林館ホームページを参考に作成］

され，胃での塩分濃度は海水の約1/2に，腸では海水の約1/3にまでに薄くなり吸収される．そして，食道を通る間に濃度が濃くなった塩水はエラから排出される．人間の食道には，このような脱塩の機能がないので海水は飲めない．

サケは淡水のところで生まれ育つが，やがて海に行き海水魚として生きて，産卵のときに再び生まれ育った淡水に戻る．サケは淡水と海水の環境で，水分と塩分をどのように調節しているのだろうか？　サケは**図85**（a)，（b）の両方の機能を環境の変化に応じて使い分けることができる．サケは元々淡水に棲んでいたが，氷河期に川が凍って海に追われ，そのような環境の変化に適応できるようになったと考えられている．

日本でのサケは主として北海道や東北地方の川に10月から12月に遡上し産卵する．水温8℃では50日程度まで卵嚢の栄養分を吸収し，約60日後に孵化し浮上する．浮上時は体長5cm程度でプランクトンを主とした捕食を開始する．浮上後から海水耐性が発達していて，3月から4月ごろに群れで移動し海に出る．その後，千島列島の沿岸，オホーツク海，北西太平洋の限られた海域を回遊する．1～6年の海洋生活で成熟した個体は，生まれ育った川に回帰し産卵活動を行う．

㋮㋣㋱　淡水魚では体内の塩分濃度が高く血液中には過剰の水が入る．淡水魚は血液よりも塩分濃度の低い尿を多量に出す．塩分も失われるがエラを使って淡水中の塩分を取り込む．海水魚は体内の塩分濃度が海水より低いので血液中の水が失われる．海水を飲みそれを腸から吸収することで水を補う．余分の塩分はエラを使って塩水の形で海水中に排出する．

71 話　動物はなぜ身体のすみずみまで血液を行き渡らせることができるか？

動物は血液を体内に循環させ，全身の細胞に栄養分や酸素を運搬し，二酸化炭素や老廃物を運び出している．血液は生体内で細胞が生きていくうえで必要不可欠な媒質で，性状や分量などは恒常性が保たれるように働いている．ヒトの血液量は体重のおよそ 1/13（男性で約 8 %，女性で約 7 %）で，体重 70 kg の場合は約 5 kg が血液の重さである．脊椎動物においては，血液が管状の構造（血管）の中を流れている．ヒトをはじめとする脊椎動物は閉鎖血管系で，特に外傷などがない限り，血液は血管の内部のみを流れる．

血液の循環には肺循環と体循環とがある（**図 86**）．肺循環とは酸素を取り込み二酸化炭素を排出する役割で，右心室から出た血液は，肺動脈を経て左右の肺の毛細血管に至り，肺胞で二酸化炭素と酸素のガス交換を行なった後，肺静脈を通って左心房に戻る．体循環は体全体の血液の流れで，主要な臓器にはそれぞれに循環経路がある．体循環の流れは左心→大動脈→動脈→細動脈→毛細血管→細静脈→静脈→大静脈→右心→肺動脈→肺→肺静脈の順に行われる．この循環のために心臓から圧力（血圧）が加えられるが，その正常値は収縮期血圧で 130 mmHg 未満，拡張期血圧で 85 mmHg 未満とされている．

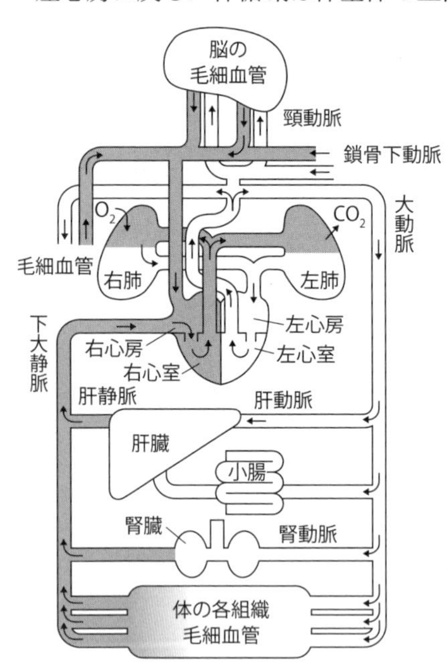

図 86　血液の循環［Akira Magazin ホームページを参考に作成］

したがって，この圧力以下で血液を体内のすみずみまで行き渡らせるために，毛細血管が重要な働きをしている．毛細血管は，動脈と静脈をつなぐ細い血管である．組織細胞と物質をやりとりするため壁は薄く，1 層の内皮細胞のみで構成されている．毛細血管は，動脈，静脈から無数に枝分かれし組織に網の目のように張り巡らされている．その直径は 5 〜 10 μm で，白血球，血漿などが血管細胞の隙間を通じて移動，ガス交換・栄養分・

老廃物の運搬などを行っている．この細い血管の中を血液が流れるために，水の性質が大きく寄与している．それは水の表面張力が大きいことである．血液の大部分が水なので，細い血管の中を血液が通るとき，血液の先端部分の表面積を減らそうとして半球形になろうとする．この力が毛管現象となって血液の流れを促進する．

ヒトなどは進化の過程で直立2足歩行を選択した．そのため，心臓よりも高い位置にある頭部などの血液は，血液自体の重みで心臓に戻ってくることができる．しかし，心臓よりも下に位置する臓器から血液を戻すことは容易ではない．特に最も遠い足の血液を心臓に戻すには特別な仕組みが必要である．そこで，静脈内に逆流を防ぐ静脈弁を作り，周囲の筋肉の助けを借りて血液を少しずつだが逆流させずに心臓に送り返すふくらはぎの筋肉ポンプという仕組みができた．筋肉が収縮・弛緩を繰り返すことで血管に圧力をかけ，末梢血管の静脈血を心臓に戻す働きである．ふくらはぎの筋肉ポンプは第2の心臓と呼ばれている．ただし，この仕組みで血液を送り返すことができるのはお腹のあたりまでである．そこから先は，呼吸によって胸腔に生じる陰圧や心臓の拍動に伴う吸引力などによって，心臓に血液が戻されていく．運動時は足の筋肉の動きが激しくなればなるほど心臓は血液を大量に送り出す必要が生じるが，足の筋肉が速く動けば血液が心臓に戻るスピードも速くなる．

一方，同じ姿勢で足を動かさずにいると，静脈内の血液の流れが促進されないから，静脈内で血液が固まって血栓が生じ，それが肺や脳などに移動して塞栓症を起こすことがある．これはエコノミークラス症候群として知られているが，水分を十分に取り定期的に足を動かすことで，予防することができる．

血液はいろいろな栄養分や老廃物の運搬を行っているので，その成分によって血液の流れは大きく左右されることになる．例えば，悪玉コレステロール（LDLコレステロール）濃度が高過ぎること，善玉コレステロール（HDLコレステロール）濃度が低過ぎることが問題となる．前者は，高LDLコレステロール血症，後者は，低HDLコレステロール血症と呼ばれる脂質異常症（高脂血症）を引き起こし，血管障害を中心とする生活習慣病の因子となることが知られている．

まとめ　動物は血液を体内に循環させ，全身の細胞に栄養分や酸素を運搬し，二酸化炭素や老廃物を運び出している．血液を体内のすみずみに循環させるために毛細血管が特に重要な働きをしている．血液の表面張力が大きいため先端部分の表面積を減らそうとして半球形になろうとする．この力が毛管現象となって血液の流れを促進する．

72話　人間はなぜ汗をかくか？

ヒトは動物界きっての汗っかきといえる．哺乳類や鳥類は定温動物（恒温動物）と呼ばれ，体温をほぼ一定に保たないと生きてゆけない．ヒトの体では，運動をしたり気温が上がったりすると，初めは皮膚の血管を広げて皮膚に熱を集め，その熱を皮膚を通して空気中に放出することで，体の深部の温度を一定に保とうとする．逆に，急に寒いところに出たときに鳥肌になるのは，血管が収縮して熱の放出を防いでいる．ところが，夏の時期の運動などでは，皮膚の血管の調節だけでは温度調節がとても間に合わない．ヒトの体は繊細にできていて体温が 2 ℃ も高くなると，体調がとても悪くなる．そこで，皮膚の血流量を増加させ，汗を出して体温を調節する．

汗を出すと体温が下がる理由は，注射のときに腕にアルコールで消毒されるときに冷たく感ずるのと同じである．汗の水分が蒸発するときに蒸発熱を奪う．水の蒸発熱は 1 g 当り 2,257 J なので 100 g の汗をかいたら 225.7 kJ の熱量を身体から奪うことになる．一方，人体の平均比熱容量は水の約 0.83 倍で，3.47 $J℃^{-1}g^{-1}$ なので体重 65 kg の人が 100 g の汗をかいたら，$225.7/(3.47 \times 65) = 1.0$ で 1 ℃ だけ温度を下げる計算になる．実際には，外気温の上昇や運動によって人間の体温はほんのわずか上がるだけである．普通，炎天下を 10 分間歩くと，体温が 1 ℃ 上昇するはずだが，100 g の汗をかくことによってそれを防いでいる．

では，ヒトの体温がなぜ 37℃あたりで一定に保たれているのだろうか？　ここで，37 ℃ というのは平熱としては少し高すぎると思われるかもしれない．しかし，通常測定するわきの下の温度はあまり正確ではない．体温としては口の中または直腸の温度がよく使われ，約 37 ℃ である．ヒトの生命活動（代謝）は，化学反応によって行われている．化学反応は温度が上がると指数関数的に速くなるので，温度によってヒトの生命活動が大きく違ってくる．仮に体温が 37 ℃ から 38 ℃ になったとすると，体内の種々の代謝反応が 10 % 増えることになる．代謝量が増えると熱の発生量も増え，熱を体外に逃がしてやらないと，一層体温が上がってしまう．体内の重要な化学反応に酵素が関わっているが，酵素がよく働く温度範囲が狭いので，それを大きく外れた温度では酵素が働かなくなり，正常な代謝ができなくなってしまう．中枢神経の発達している動物ほど体温を厳密に調節しなければならない．

汗は汗腺と呼ばれる器官から出る．**図 87** に皮膚の構造と汗腺を示す．汗腺には，

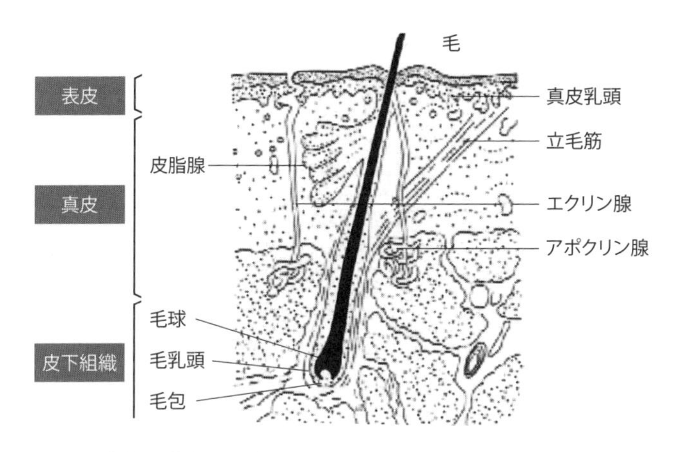

図 87　皮膚の構造と汗腺
［出典：田村照子編著，衣環境の科学，建帛社，2004，p.74］

全身に約 250 万個が広く分布して体温調節の機能を持つエクリン腺と，わきが，乳 部，外陰部などの身体の特定部位にあるアポクリン腺とがある．エクリン腺は，**図 87** に示すように，1 本の管が糸屑を丸めた形をしていて，底部の糸まり状の部分に汗の原液が入っている．それが，導管によって汗孔まで導かれる．エクリン腺から出る汗は 99 % が水分だが，あとの 1 % には食塩，尿素，アンモニア，乳酸などが含まれる．汗をかいた後の皮膚をなめるとしょっぱいし，汗で濡れた下着は汗くさいのはそれらの成分が原因である．アポクリン腺も**図 87** に示すようにエクリン腺と同様の形状だが，かなり大きいのが特徴である．アポクリン腺から出る汗はタンパク質，脂肪などの有機物が多く，わきがなどの臭いの元になる．それは，汗そのものからくる臭いというよりは，有機物に細菌が働いて臭い成分を出す．

㋮㋣㋱　人間は運動時や気温が上がると皮膚の血管を広げ皮膚を通して熱を空気中に放出して，体の深部の温度を一定に保とうとする．夏の時期の運動などでは汗をかくことによって身体から蒸発熱を奪い身体を冷やす．体温が変化すると，体内の重要な化学反応の速度が変化し酵素がよく働く温度範囲から外れてしまい，正常な生命活動ができなくなる．

コラム

汗と動物

ヒトは汗をかくが，ほかの動物は汗をかかないのだろうか？
イヌやネコが汗びっしょりとかライオンがひたいに汗するとかは見たことはない．競争馬が走った後に汗をかくのが例外的で，夏の暑い日に歩いただけでどっと汗をかくのは人間くらいのものである．動物は汗をかかなくても暑くないのだろうか？

動物の汗腺には，エクリン腺とアポクリン腺がある．アポクリン腺は，脇の下や陰部などの限られたところにある．アポクリン腺の機能は，体温調節ではなく，ものを握る手のひらや地面に接する足の裏の滑り止めとして働いている．また，動物特有の臭い物質を出していて，なわばりの印つけや性的な信号としての役割をしている．エクリン腺が全身に分布しているのはサルの仲間だけである．ほかの動物たちは，汗腺のほとんどがアポクリン腺でエクリン腺は限られた場所にしかない．例えばイヌやネコのエクリン腺は足の裏にあるだけである．サル以外は，暑くても汗がかけない定めなのである．ウマの汗腺は例外的で，アポクリン腺なのに体温調節をしている．速く走るために適応し，進化した例といえそうである．

では，動物たちは暑いときにどうするのだろうか？ 暑いときにはなるべく活動しないで，木陰でじっとしている．狙われる動物は，逃げるために走らなければならないが，追うほうでも暑いときは走りたくはないのである．野生動物の多くは真夏の炎天下には狩りをしない．それでも暑いときには体温を下げるための方法が必要である．イヌが口を開けて舌を出してハーハーやる．それは，パンチング呼吸といって暖かい息を吐き，水分を舌から蒸発させることで体温を下げる．ウシやブタは鼻と口のまわりにだけ集中して汗を出す．ゾウは大きな耳をパタパタと振る．耳の血管が膨れ上り，大量の血液が流れる間にうすっぺらな耳から熱を放出することで温度を下げる．耳がラジエータの役割をすることになる．

第 14 章
植物と水

植物体の 80 % 以上が水で，植物の細胞内に水がなければ生命活動に必要な生化学反応が進まない．光合成における水の役割，蒸散による体温調節機能，高い木における水の供給方法，根における養分吸収機能などについて述べる．

73話　植物にはなぜ水が必要か？

植木に水をやるのを忘れていると，しおれてしまう．最初に葉がしおれ，ひどいときは茎もしおれて地面に倒れてしまう．植物は進化の過程で，より強い光を求めて海から陸地に上がってきたと考えられている．そのとき，これまで植物体の周りに無尽蔵にあった水がなくなった．そこで，土に根を生やして土に含まれる水分を吸収するようになった．多くの種類の植物が陸地に上がると，その間で競争が起こり，より高く背丈を伸ばして光を採ろうとした種もあれば，弱い光でも生きて行けるように工夫した背丈の低い種もあった．弱い光では光合成は活発に行えないが，水をくみ上げるのに苦労しなくてもよいという利点があった．一方，背丈の高い木は光合成は活発に行えるが，水をくみ上げるのに苦労しなくてはならなかった．

植物体の重量の 80 ～ 95 % は水なので，水は必須である．植物の細胞内に水がなければ生命活動に必要な生化学反応が進まない．植物が活発に背丈を伸ばし，葉を展開するとき，植物体の重量は増加する．植物が成長するときの重量増加の大部分は水の増加によると考えられる．しかし，植物が成長するときに必要とする水の量は，この体重の増加分よりはるかに多い．トウモロコシは，1 kg の物質を生産するのに 300 kg の水を消費する．植物は根から水を吸うが，**図 88** に示す葉の気孔という孔から水が蒸発して失われる．この働きを蒸散と呼ぶ．植物が根から吸い上げた水のうちの多くは蒸散によって失われる．蒸散は一見むだに思えるが，後で述べるように，植物の生命維持にとって重要な働きをしている．

植物の細胞内に水がなければ生命活動に必要な生化学反応が進まない．種子の含水率は約 5 % で，ほとんど水を含まないので，種子の中では物質の輸送や代謝が行われず，生命活動が停止している．これに水を与えるとこれらの活動が再開される．

葉の表面には，**図 88** にあるような気孔がある．気孔は，1 対の孔辺細胞とその周辺の細胞からなる構造で，孔辺細胞間にできる孔の大きさを調整して開閉を行う．気孔は光合成が盛んに行われる晴天のときに開く．細胞間隙から浸み出してきた水が，孔辺細胞間の孔が開くと水蒸気となって蒸発する．水が水蒸気になるには，大量の熱エネルギーが必要になるので，その分だけ熱エネルギーが失われ，植物体の温度が下がる．植物は動物と違って涼しいところに移動できないので，夏の直射日光の元では温度が相当上がることになる．45 ℃ を超えると植物の生命が危険とな

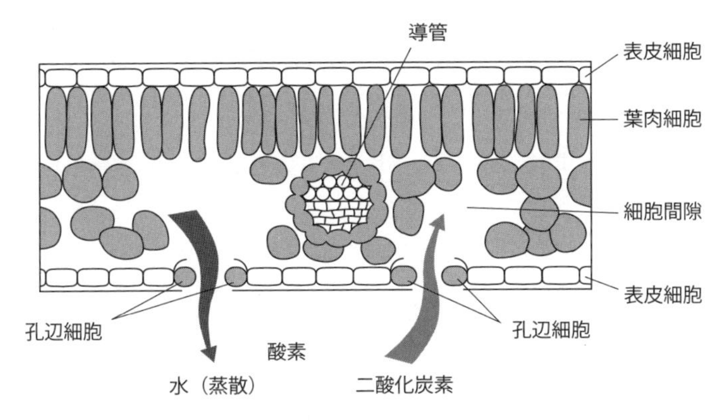

図88　気孔の構造と働き［出典：日本植物生理学会ホームページ（名古屋大学木下俊則教授提供）］

るので，植物は蒸散による温度調節を行っているのである．

蒸散によって植物は水を根から吸い上げる力を得ている．**76話**で詳しく述べるが，100 m もある高い木がいとも簡単に水を吸い上げることができるのは，蒸散による負圧が導管や仮導管を経て根にまで届いているためである．

細胞内の水の存在によって膨圧と呼ばれる圧力を生じる．膨圧によって植物体はいろいろの運動をすることができる．例えば，気孔の開閉は孔辺細胞の運動によって調節される．孔辺細胞から水が外に移動すると気孔が閉まり，孔辺細胞がまわりから水を吸うと気孔が開く．水が出ると内部の圧力が下がり，水が入ると圧力が上がり，細胞の形が変わる．

㋮㋣㋱　植物の細胞内に水がなければ生命活動に必要な生化学反応が進まない．細胞内の水の存在によって膨圧と呼ばれる圧力を生じ，気孔の開閉などの運動を制御している．植物は根から吸い上げた水を用いて成長するが，その多くは蒸散によって失われる．蒸散は温度調節，吸水など重要な働きをしている．

74話　サボテンはなぜ水が少ない環境で生きてゆけるか？

植物には必ず水が含まれているが，サボテンみたいに雨がほとんど降らない環境でも生きているのはどうしてだろうか？

砂漠地帯でも雨がまったく降らないわけではない．砂漠地帯でも雨季と乾季があり，季節が巡ればサボテンも花を咲かせる．ただ，サボテンは雨が降らない環境でも生き続けるすべを身に付けている．植物体の 80 % 以上が水である．サボテンみたいに水の少ない環境で育つ植物は比較的少ないが，水の多いところの植物では 95 % が水分という場合もある．砂漠地帯の植物は水を取り込まないと枯れてしまうので，水を取り込むことは死活問題である．

砂漠地帯の植物はどのようにして水を取り込んでいるのだろうか？　水の取り込みの第 1 は根からの吸水である．砂漠地帯では雨がほとんど降らないが，夜は急速に冷えることが多いので露点以下の温度になり，霧が発生したり露が降りたりする．場所によっては地下の深いところに地下水があったりする．砂漠地帯の植物は非常に長い根を持っていることが多い．地中 30 m にもおよぶ直根タイプの植物は地下水から吸水する．また，高さ数十 cm の潅木が長さ 20 m もの繊維状の根を持ち，その大部分が地下数 cm 以内にあり，広い面内から露の水を吸う．

砂漠地帯の植物は根からの吸水だけでは水が足りないので，空気中からも水を取り込んでいる．サボテンやほかの砂漠植物の棘のような針や毛はちょうど毛髪が櫛に引っ張られて逆立つように帯電する．帯電したサボテンの棘は小さな水滴を空中から引き付け，水蒸気さえも凝集させる．夜霧の深い南米のチリの沿岸砂漠では，サボテンが雨が一切ない条件下で何年もの間繁殖しているという．

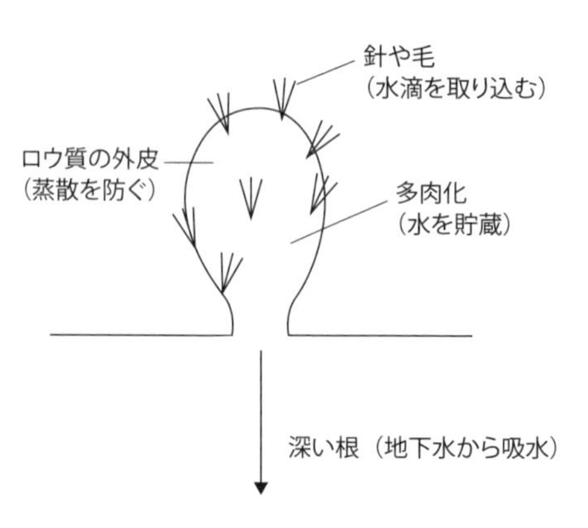

図 89　サボテンの吸水と節水策

砂漠地帯の植物は水を節約する方法を持っている．サボテンは多肉化していて水分を貯えることができるとともに，厚いロウ質の外皮を持ち蒸散による水の損失を防いでいる．それに，これはサボテンだけでなく一般の植物にもいえるが，植物にとって水の損失の多くは葉の気孔が開くときに水蒸気が外に出ること，蒸散による．蒸散による水の損失を防ぐ方法は，昼間の高温乾燥時にアブシジン酸というホルモンが働いて気孔を閉じ，夜間に温度が下がり湿度がある程度高くなったときにサイトカイニンというホルモンが働いて気孔を開いて二酸化炭素を取り込んで光合成に用いる．それから，砂漠地帯では水の資源が限られているので植物が密集すると共倒れになる．それで植物が出すガスをキャッチして，お互いに近くに寄らないようにしている．

日本でもサボテンなどの多肉植物を育てている人も多いようだ．多肉植物が枯れる原因として最も多いのが水のやりすぎである．多肉植物は，葉の中にある程度水を蓄えられる構造になっている．多肉植物の葉には厚みがあり，中に適度な水分が含まれている．このため，多肉植物はほかの観葉植物に比べて水をあまり必要としない．鉢の中の土が完全に乾いてから水をあげるくらいがよい．水をやり過ぎると根腐れを起こしてしまう．水をやりすぎてしまった場合は，風通しのよいところに置いて土を乾燥させる．また，鉢穴の開いていない器に多肉植物を植えている場合は,器の中に水がたまっていないかどうか確認したほうがよい．植物の根元を抑え，そっと鉢をひっくり返してみると，水がたまっている場合は出てくる．

多肉植物は日光をあまり必要としないが，全く必要ないわけではない．多肉植物がヒョロヒョロと背丈ばかり伸びてきたら，日照不足である．また，直射日光に当てすぎても弱ってしまう．葉がしなびるようなら日光が強すぎる．

多肉植物を育てるためには，多肉植物専用の土が必要である．多肉植物は春と秋に成長期を迎え，場合によっては植え替えが必要になる．そのときに普通の園芸用の土を使うと，栄養過多で根腐れを起こしてしまう．また，普通の園芸用の土は水を蓄える性質があるので，多肉植物にとっては常に水が多すぎる状態になってしまう．

ⓜⓐⓣ まとめ　砂漠地帯の植物は非常に長い根を持っていて長い繊維状の根を地下数cm以内にはり巡らし広い面内にある場所から吸水したり，深く根を張って地下水を吸水する．サボテンの棘が帯電して小さな水滴を空中から引き付け，水蒸気さえも凝集させて水分を取っている．サボテンは多肉化していて水分を貯えることができるとともに厚いロウ質の外皮を持ち蒸散による水の損失を防いでいる．

75話　光合成における水の役割は何か？

水，大気，太陽の光——植物はこの地球上のどこにでもある資源を利用して緑ある環境を作っている．光合成は，大気中から取り込んだ二酸化炭素と根から吸い上げた水から糖やデンプンを作りだし，副産物として酸素を放出する反応で，

$$6\,CO_2 + 6\,H_2O \rightarrow C_6H_{12}O_6 + 6\,O_2 \tag{8}$$

と表わせる．光合成を行う場所は，葉にある葉緑体というところに葉緑素という色素があり，それが光を吸収する．葉緑素にはクロロフィル a，b という色素などがある．それらによる光の吸収は 680 nm と 700 nm 付近の波長の光に吸収ピークがあり，これらが光合成で主要な働きをする．

式（8）を見ると，水の役割は糖を作るための原料として酸素と水素を供給しているだけに見える．しかし，二酸化炭素も水も安定な化合物なので，式（8）の化学反応が吸熱反応であって，この反応が進むためには，エネルギーを注入する必要があるのはもちろんだが，反応性のある分子が途中で作り出される必要がある．その活性な分子を作り出すのが太陽の光で，活発な反応を引き起こす．

光化学反応は 2 段に分かれて行われ，光化学系 I と II と呼ばれている．**図 90** は葉緑体内のチラコライド膜上で起こる光化学反応の反応経路を示している．まず 680 nm 付近の波長の光がクロロフィルなどの色素に吸収されて色素が活性化され，勢い余って電子が 1 個飛び出す（この光吸収を光化学系 II と呼びその電子を P 680 と略記する）．P 680 の電子は励起状態（P 680*）となった後，チラコライド膜上に隣接するいくつかの化合物の中を経てプラストシアニン（**図 90** の PC）という化合物に移る．電子が飛び出したために

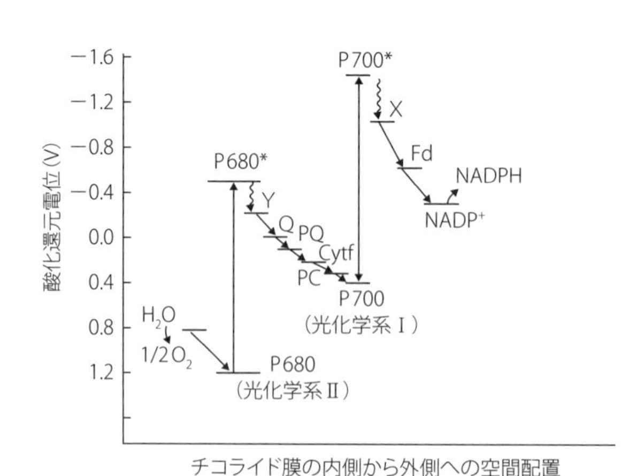

図 90　光合成の 2 段階光励起過程

電子不足となった P 680（酸化型 P 680）は，水分子から電子をもぎとって，自身は元の安定状態に戻る．

一方，700 nm 付近の波長の光を吸収した光化学系 I の電子（P 700）は，励起状態（P 700*）となった後，いくつかの化合物を経て NADP 還元酵素の働きによって NADPH ができる．NADPH は糖やデンプンを作る際に重要な役割を果たす．電子の抜けた P 700 には P 680 由来の電子がプラストシアニンを通して供給され，自身は元の安定な P 700 に戻る．

ここで，水の役割は単に原料を供給するだけでなく，光化学系 II に電子を供給して一連の反応を促進させる役割を果たしている．ここで，水が関与する反応を抜き出すと，

$$H_2O \rightarrow 2\,H^+ + (1/2)\,O_2 + 2\,e^- \qquad (9)$$

と表わせる（**図 90** の左下参照）．この式では水は電子とプロトンの供給源となっており，副産物として酸素を放出している．その電子は，P 680 が受け取って反応を継続する．式（9）の反応にはエネルギーが必要で，太陽からの 680 nm の波長の光から得る．また，式（9）で生成したプロトンによってチコライド膜にプロトン勾配が生成し，それが光合成反応の駆動力になっている．

もう 1 つ光合成の反応で水が重要な役割を果たしているのは，「養分」の吸収である．「水という溶媒に養分という溶質を溶かした液体」を根などから吸収している．タンパク質は生物組織の構成材料で，また生命活動に直接関わる酵素の材料である．タンパク質は多くのアミノ酸が結合してできているが，これらアミノ酸の主な構成要素となるのが炭素，酸素，水素に加えチッ素がある．チッソ，リン，カリウムは肥料の 3 要素といわれ，根から溶液の形で吸収される．ほかに微量ではあるが，鉄，マグネシウム，硫黄，カルシウム，マンガン，ホウ素なども根から溶液の形で吸収される．これらの肥料成分がなかったら植物の生育が正常に進まない．

㋮㋣㋱　光合成は二酸化炭素と根から吸い上げた水から糖やデンプンを作り出す反応である．光合成における水の役割は，原料として酸素と水素を供給すること，光化学反応によって生成した反応活性な分子の活性を維持するために電子とプロトンを供給すること，水溶液の形で根からチッソ，リン，カリウムなどの養分を供給することである．

76 話　100 m もある高い木はどうして水を吸い上げることができるか？

120 L の水を 18 m の高さ，ビルの 6 階に運び上げるのは重労働である．しかし，これは成長したカバの木が夏の暑い日に毎日行っていることである．さらに，アメリカのカルフォルニア州にあるセコイヤの木は 100 m 以上の高さだという．こんな高いところまで植物はいとも簡単にエネルギーを使うことなく水を運んでいるように見える．どうしてそれが可能なのだろうか？

最初に根圧説を紹介する．根の細胞が浸透圧の差を利用して水を吸収する力を根圧という．根圧の存在は，植物を茎の基部で切断すると，切口から水が排出されることからも分かる．その圧力は 1 気圧程度で，水を押し上げる高さとしては 10 m にしかならない．したがって，根圧が水を押し上げる主要な原因とはいえない．根の浸透圧は土壌粒子に付着した水からでも水の分子を掻き集める役割を果たしていると考えられる．

次に出てくるのが毛細管説である．植物体内の細い管の中にある水は，管の内壁が水になじみやすい物質であると管の中を上昇する．植物の茎の中にある水を通す導管や仮導管と呼ばれる管の直径は数 μm から数百 μm だが，水は 100 μm の管で 30 cm，10 μm の管で 3 m 上昇する．よって，10 m 以上の高い木で水が上がるのは毛細管説では説明できない．

そこで登場するのが蒸散説である．葉の表面には**図 88** にあるような気孔が 1 mm^2 あたり 50 ～ 500 個ある．根から吸い上げた水は，細胞間隙と呼ばれる空間に接した細胞にまでくる．水は細胞間隙に接している細胞から浸み出して細胞壁の表面から水蒸気となって蒸発する．蒸発した水蒸気は，気孔をとり囲む 2 つの孔辺細胞が変形することによって気孔が開いて外に出る．これらの一連の動きを蒸散という．植物は水が不足すると，葉の気孔を閉じるホルモンができて気孔を閉じる．気孔は孔辺細胞の膨圧が増すと形が変形して気孔が開く．気孔は植物が光合成をするときに必要な二酸化炭素を取り入れる大切な場所である．

では蒸散によって水はどれだけの力で水を吸い上げるのだろうか？　蒸散による水を吸い上げる力は**図 88** の細胞間隙の相対湿度 RH（%）によって決まる．相対湿度とは，ある空気中での水蒸気圧をその温度での飽和水蒸気圧（第 2 章，**7 話**参照）で割って 100 を掛けたものである．相対湿度が 100 % のときは水蒸気が飽和して

いるために水を吸い上げる力はゼロである．蒸散によって水を吸い上げる力を$-P$（負圧で気圧の単位）とすると，

$$P = 10.7 \times T \times \log(100 / RH) \qquad (10)$$

という式で表せる．$-P$は相対湿度の常用対数に比例するので，相対湿度が小さいとこの力はかなり大きい値になる．例えば，気温が25 ℃（T = 298 K）で相対湿度が80 %のときには，水は300気圧の力で蒸発する．これは，水を3 000 mの高さにまで引き上げる力に相当する．こんなに大きい力が生み出される原因は，水が蒸発するときに水素結合によって結ばれている水の分子間力を切る力が大きいことにある．

別の表現をすると，光合成において，1 MWの日射当たり約25 kWの熱量を持つ乾燥炭水化物1.4 gを生成する．したがって，光合成の変換効率は2.5 %で，吸収した太陽エネルギーのうち大部分は蒸散のエネルギーとして消費されている．結局，水を吸い上げるエネルギーは太陽によって与えられ，植物は自らエネルギーを使うことなく蒸散によって水を吸い上げている．

この蒸散による圧力が植物内部でどのように根まで届いているだろうか？　葉の細胞内では蒸散によって水分が失われたために式（10）による負圧が発生し，導管や仮導管を経て根まで伝わっていく．そのとき導管内では毛細管力で水の上昇を後押ししている．その過程で水中に泡などが発生したら根まで負圧が届かないが，水の凝集力（分子間力）が大きいため水柱が連続している．

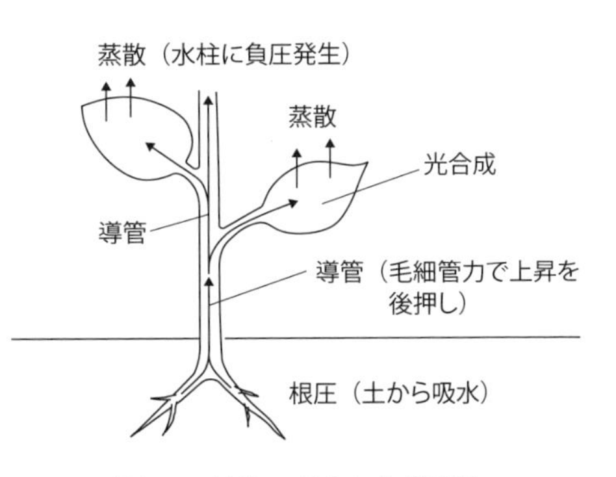

図91　植物の吸水および輸送

まとめ　植物は葉から水が水蒸気となって蒸発することによって水を吸い上げる．その力は気孔の内側の細胞間隙と呼ばれる空間の湿度が99.7%のときに10気圧で水を100 m吸い上げる力に相当する．植物内部では，蒸散による水分の減少で負の水圧差が発生し，導管や仮導管を経て根まで伝わる．植物は太陽のエネルギーによって水を吸い上げている．

コラム

オジギソウのおじぎ

普通，植物は運動とは無関係で，一度根付いたらずっとその場所にいる．しかし，植物をよく観察すると，運動しているのが分かる．イネやカラスムギなどが光の方向に曲がる性質，ヒマワリが太陽の方向に向く性質，植物が倒れたときに起き上がろうとする性質などを持っている．また，食虫植物のハエジゴクやモウセンゴケの捕虫運動では感覚毛や触毛に虫が触れると，ただちにそれを捕らえようとする．

オジギソウがおじぎをするのは，植物が水を利用して運動する現象の一つである．植物の細胞は塩類を含む水溶液で満たされているが，細胞膜の両側で浸透圧が等しくなろうとして外界と水のやり取りをしている．植物の細胞内の浸透圧が外の浸透圧よりもはるかに大きい状態になっている．この差により外の水が細胞内に入り込もうとするので，細胞内の体積が増加する．細胞内体積は無限には大きくなれないので，浸透圧による力を細胞壁が押し返そうとして細胞内の圧力が増える．この圧力のことを膨圧と呼び植物の自律運動の動力になっている．

オジギソウの葉にものが触れると，葉が閉じるとともに，葉に接触した刺激が葉柄にまで伝わり，葉柄も下に垂れる．この一連の流れは，人間の神経の伝達と似ていて，葉から葉柄へと電気的な刺激が速く伝わるので，動物と同じような速い運動が可能になる．オジギソウの運動に関与するのは葉枕と呼ばれる運動細胞である．刺激が伝わると，葉枕の下半分にある細胞から水やカリウムイオンなどが流出するため，細胞の膨圧は急激に低下する．このとき流出した水は，上の部分にくみ上げられる．その結果，下半分の細胞が変形するため，葉が閉じ，葉柄が垂れ下がる．その回復はゆっくりであるが，上半分に上がった水が下に流れ落ち，下半分の細胞の膨圧が元に戻るので，オジギソウは運動前と同じようになる．オジギソウの運動は触れるだけでなく，熱，風，振動といった刺激によっても生じる．

水の不思議

科学の眼で見る日常の疑問

定価はカバーに表示してあります.

2017 年 9 月 15 日　1 版 1 刷発行

ISBN978-4-7655-4482-5 C1040

著　者　稲場　秀明

発行者　長　滋彦

発行所　技報堂出版株式会社

〒101-0051　東京都千代田区神田神保町1-2-5

電　話　営　業（03）（5217）0885

編　集（03）（5217）0881

F A X（03）（5217）0886

振替口座　00140-4-10

U R L　http://gihodobooks.jp/

日本書籍出版協会会員
自然科学書協会会員
土木・建築書協会会員

Printed in Japan

装丁：田中邦直　印刷・製本：愛甲社